安全员岗位培训丛书

机械制造企业安全员岗位培训教程

主编　刘　建

中国劳动社会保障出版社

图书在版编目(CIP)数据

机械制造企业安全员岗位培训教程/刘建主编. —北京：中国劳动社会保障出版社，2016

(安全员岗位培训丛书)

ISBN 978-7-5167-2618-1

Ⅰ. ①机… Ⅱ. ①刘… Ⅲ. ①机械制造企业-安全管理-岗位培训-教材 Ⅳ. ①TH188

中国版本图书馆 CIP 数据核字(2016)第 191215 号

中国劳动社会保障出版社出版发行

(北京市惠新东街 1 号 邮政编码：100029)

*

北京市艺辉印刷有限公司印刷装订 新华书店经销

880 毫米×1230 毫米 32 开本 8 印张 174 千字

2016 年 8 月第 1 版 2016 年 8 月第 1 次印刷

定价：25.00 元

读者服务部电话：(010) 64929211/64921644/84626437

营销部电话：(010) 64961894

出版社网址：http://www.class.com.cn

内容简介

本书介绍了机械制造企业安全生产有关知识，内容包括安全生产法律法规知识与安全员角色职责简介，机械制造企业安全生产基本知识，安全生产技术知识，安全生产管理知识，职业危害与防治和事故应急救援与处置措施六章。本书叙述简明扼要，内容通俗易懂，并配有一些事故案例。本书可作为机械制造企业安全员安全生产教育培训的教材，也可供从事机械制造企业安全生产工作的有关人员参考、使用。

本书由刘建主编，李文博、王宝晴副主编，刘晴、韩晶、高金鑫、王京京、闫小丽、王汝昕、梁天玺参与编写。

前　言

安全员作为企业基层的安全生产管理人员，肩负着企业安全生产的重任，安全员的工作能力与水平，直接关系到企业的安全生产水平。所以，安全员应该具备敏锐的安全意识和丰富的安全生产知识，在工作中能够辨识危险源，分析危险、有害因素，及时向领导反映，提出整改意见和措施，把事故扼杀在萌芽状态，确保企业的生产安全和职工的生命健康。

安全员的工作能力不仅要在平时的工作实践中获得，更重要的是要系统地进行理论学习，掌握新的安全技术和方法，不断地把理论应用于实践，用学到的知识指导日常工作，才能使安全管理工作系统化、全面化，不会遗留安全隐患和死角。“安全员岗位培训丛书”正是从这个角度出发，全面、系统地讲述了行业安全生产的特点，安全员需要掌握的相关法律、法规、制度、标准和特定企业的生产技术，以及职业健康和应急救援知识，是为企业安全员量身定做的一套培训和学习图书，适合于安全员岗位培训和日常工作参考。此套丛书具有如下特点：

1. 权威性。此套丛书的作者均为安全生产领域资深的专家、学者，在安全生产理论研究领域有所建树，又常深入企业生产一线进行安全生产工作指导，熟悉企业的生产特点。

2. 实用性。此套丛书不仅讲述了企业安全员应该掌握的基本知识，还穿插列举了一些真实案例，并给予恰当的点评，对安全员具有实际指导意义。

3. 专业性。此套丛书除设置一本企业安全员通用的教材之外，其他均按行业编写，突出行业特色，更具有针对性。

目　录

第一章 安全生产法律法规知识与安全员角色职责简介

第一节 安全生产法律法规简介

一、安全生产法律法规的种类及框架

根据立法机关的不同，我国的法律法规包括法律、行政法规及部门规章、地方性法规及规章等内容。

安全生产法律法规是法的组成部分，是保护劳动者在生产经营活动中的生命安全和身体健康的有关法律法规、规章等法律文件的总称。安全生产法律法规包括国家和地方的有关法律法规、标准，企业内部的规章制度和技术规范，可接受风险标准以及前人的经验和教训等。

我国安全生产法律体系是包含多种法律形式和法律层次的综合性系统，体现为如图 1—1 所示的层级。

法包括宪法、法律、行政法规、地方性法规和行政规章。

1．宪法

宪法是国家的根本大法，具有最高的法律地位和法律效力。宪法的特殊地位和属性体现在四个方面：一是宪法规定国家的根本制度、国家生活的根本准则。二是宪法具有最高的法律效力。三是宪法的制定与修改有特别程序。四是宪法的解释、监督均有特别规定。

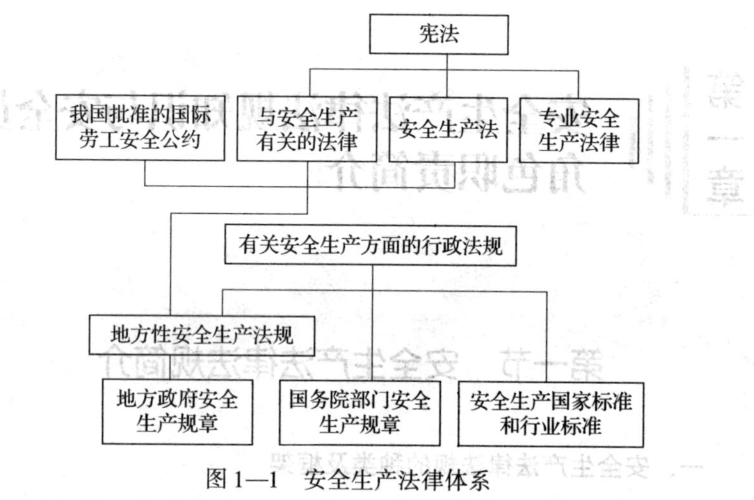

图 1—1　安全生产法律体系

2. 法律

广义的法律与法同义，狭义的法律特指由享有立法权的国家机关依照一定的立法程序制定和颁布的规范性文件。法律的地位和效力仅次于宪法，高于行政法规、地方性法规、自治法规和行政规章。

3. 行政法规

行政法规是国家行政机关制定的规范性文件的总称。行政法规有广狭二义，广义的行政法规既包括国家权力机关根据宪法制定的关于国家行政管理的各种法律法规，也包括国家行政机关根据宪法、法律法规，在其职权范围内制定的关于国家行政管理的各种法规。狭义的行政法规专指最高国家行政机关即国务院制定的规范性文件。行政法规的名称通常为条例、规定、办法、决定等。

行政法规的法律地位和法律效力次于宪法和法律，但高于地方性法规和行政规章。

4．地方性法规

地方性法规是指地方国家权力机关依照法定职权和程序制定、颁布的，施行于本行政区域的规范性文件。地方性法规的法律地位和法律效力低于宪法、法律、行政法规，但高于地方政府规章。根据我国宪法和《中华人民共和国立法法》（以下简称《立法法》）等有关法律的规定，设区的市的人民代表大会及其常务委员会根据本市的具体情况和实际需要，在不与宪法、法律、行政法规和本省、自治区的地方性法规相抵触的前提下，可以对城乡建设与管理、环境保护、历史文化保护等方面的事项制定地方性法规，法律对设区的市制定地方性法规的事项另有规定的，从其规定。设区的市的地方性法规须报省、自治区的人民代表大会常务委员会批准后施行。省、自治区的人民代表大会常务委员会对报请批准的地方性法规，应当对其合法性进行审查，与宪法、法律、行政法规和本省、自治区的地方性法规不抵触的，应当在四个月内予以批准。

5．行政规章

行政规章是指国家行政机关依照行政职权所制定、发布的，针对某一类事件、行为或者某一类人员的行政管理的规范性文件。《立法法》规定，国务院公报或者部门公报和地方人民政府公报上刊登的行政规章文本为标准文本。

二、安全生产立法的必要性

安全生产事故频繁，死伤众多，不仅影响了经济发展和社会稳定，而且损害了党、政府和我国改革开放的形象。导致我国安全生产水平较低的原因是多方面、深层次的，安全生产法制不健全是其主要原因之一，突出表现在以下几个方面：

一是安全生产法律意识淡薄。

二是安全生产出现了新情况、新问题，亟待依法规范。

三是综合性的安全生产立法滞后。

四是政府机构改革和职能转变后，没有依法确立综合监管与专项监管相结合的安全生产监管体制，尚未建立健全依法监管的长效机制。

五是缺乏强有力的安全生产执法手段。

加强安全生产立法的必要性，主要体现在以下四个方面：

1. 它是依法加强监督管理，保证各级安全监督管理部门依法行政的需要。

2. 它是依法规范安全生产的需要。

随着社会主义市场经济体制的建立，社会经济活动日趋活跃和复杂，各种经济成分、企业组织形式趋向多样化，生产经营单位已由国有企业、集体企业为主，变为国有企业、股份制企业、私营企业、外商投资企业、个体工商户并存。这些生产经营单位的生产安全条件千差万别，安全生产工作出现了许多复杂的情况，存在着以下五个突出问题：

一是非公有制经济成分增多，对其安全生产条件和安全违法行为没有明确的法律规范和严厉的处罚依据。

二是企业安全生产管理缺乏法律规范，企业安全生产责任制不健全或者不落实，企业负责人的安全责任不明确，不能做到预防为主，严格管理；事故隐患大量存在，一触即发。

三是安全投入严重不足，企业安全技术装备老化、落后，带病运转，安全性能下降，抗灾能力差，不能及时有效地预防和抗御事故灾害。

四是一些地方政府监管不到位，地方保护主义严重。

五是国家关于安全生产的基本方针、原则、监督管理制度和措施未能法律化、规范化，许多领域的安全生产监管无法可依。

3. 它是制裁安全生产违法行为，保护人民群众生命和财产安全的需要。

4. 它是建立健全我国安全生产法律体系的需要。

三、安全生产立法的原则

1.“人身安全第一”的原则

我们约定俗成的安全生产一词，实际上就是要保障人身安全，即人的生命权和健康权。安全生产法立法的目的是围绕着保障人身安全这一根本问题展开的。

2. 预防为主的原则

我们重视与加强安全生产事前管理和事中管理，将监督管理的重心置于有关人员的安全生产资格、安全设施和设备的安全条件、安全标准的管理与规范上，放在生产、经营企业和从业人员的安全管理上，强化安全生产的事前管理和事中管理，防患于未然，就可以消除大量的不安全和事故隐患，大大降低事故的发生率。

3. 权责一致的原则

我们要做到权责一致，而不是有权无责，更不能权责分离。负责行政审批、发证和监督管理的部门和人员绝对不能置身法外，不承担任何行政责任、法律责任。

4. 社会监督、综合治理的原则

只有动员全社会的力量才能从根本上扭转安全意识淡薄、事故隐患多、事故多发的状况，将事故发生率降下来，实现安全生产形势的稳定好转。

5. 依法从重处罚的原则

重特大事故时有发生的另一原因，是现行相关法律的处罚力度过轻，不足以震慑负有安全生产管理责任的各级政府、部门和企事业单位的负责人，不足以惩治违法生产、经营造成重大事故的违法分子。

四、安全生产法规的概念和特征

1. 概念

安全生产法规是指调整在生产过程中产生的，同劳动者或生产人员的安全与健康，以及生产资料和社会财富安全保障有关的各种社会关系的法律规范的总和。

安全生产法规有广义和狭义两种解释，广义的安全生产法规是指我国保护劳动者、生产者和保障生产资料及财产的全部法律规范。因为这些法律规范都是为了保护国家、社会利益和劳动者、生产者的利益而制定的。狭义的安全生产法规是指国家为了改善劳动条件，保护劳动者在生产过程中的安全和健康，以及保障生产安全所采取的各种措施的法律规范。安全生产法规是党和国家的安全生产方针政策的集中表现，是上升为国家和政府意志的一种行为准则。

2. 特征

安全生产法规是国家法规体系的一部分，因此具有法的一般特征。

我国安全生产法律制度的建立与完善，与党的安全生产政策有密切的关系。这种关系就是政策是法规的依据，法规政策的定型化、条文化。在过去很长一段时期，我国的法制很不完备，没有安全生产法规的场合，只能依照党的安全生产政策做好安全生产工作。这时，党的安全生产政策实际上已经起了法规的作用，已赋予了它一种新的属性，这种属性是国家所赋予的而不是政策本身就具有的。

五、安全生产法律法规的作用和意义

1. 作用

（1）贯彻落实国家安全生产法规，落实“安全第一、预防为主”的安全生产方针。

（2）制定安全生产的各种规程、规定和制度，并认真贯彻实施。

（3）制定落实各级安全生产责任制，它是企业岗位责任制的一个组成部分，是企业最基本的安全制度，也是企业安全生产管理制度的核心。

（4）积极采取各种安全技术措施，综合治理，使企业的生产设备和设施满足安全要求，保障职工有一个安全可靠的作业条件，减少和避免各类事故造成的人员伤亡和财产损失。

（5）对职工伤亡及生产过程中的各类事故进行调查、处理和上报。

（6）推行安全生产目标管理，推广和应用现代化安全管理技术与方法，使企业管理工作不断深化。

（7）把安全工作放在首位，将事故的事后处理转变为事前控制。

2. 意义

以《中华人民共和国安全生产法》（以下简称《安全生产法》）的颁布实施为标志，我国安全生产立法进入了全面发展的新阶段。尤其是《安全生产法》的出台，对全面加强我国安全生产法制建设，激发全社会对公民生命权的珍视和保护，提高全民族的安全法律意识，规范生产经营单位的安全生产，强化安全生产监督管理，遏制重大、特大事故，促进经济发展和保持社会稳定都具有重大的现实意义，必将产生深远的历史影响。

第二节　安全生产法律法规

一、安全生产法律

1.《安全生产法》

《中华人民共和国安全生产法》是为了加强安全生产工作，防止和减少生产安全事故，保障人民群众生命和财产安全，促进经济社会持续健康发展而制定的。由中华人民共和国第九届全国人民代表大会常务委员会第二十八次会议于 2002 年 6 月 29 日通过公布，自 2002 年 11 月 1 日起施行。

2014 年 8 月 31 日第十二届全国人民代表大会常务委员会第十次会议通过全国人民代表大会常务委员会关于修改《安全生产法》的决定，自 2014 年 12 月 1 日起施行，修改后的《安全生产法》共七章一百一十四条。

2.《中华人民共和国劳动法》

《中华人民共和国劳动法》（以下简称《劳动法》）是为了保护劳动者的合法权益，调整劳动关系，建立和维护适应社会主义市场经济的劳动制度，促进经济发展和社会进步，根据宪法而制定。1994 年 7 月 5 日第八届全国人民代表大会常务委员会第八次会议通过，自 1995 年 1 月 1 日起施行。

2009 年 8 月 27 日第十一届全国人民代表大会常务委员会第十次会议通过《全国人民代表大会常务委员会关于修改部分法律的决

定》，自公布之日起施行。

3.《中华人民共和国消防法》

《中华人民共和国消防法》（以下简称《消防法》）于2008年10月28日第十一届全国人民代表大会常务委员会第五次会议修订通过，自2009年5月1日起施行。《消防法》的立法目的是预防和减少火灾危害，加强应急救援工作，保护人身、财产安全，维护公共安全。

《消防法》共七章七十四条，分为总则、火灾预防、消防组织、灭火救援、监督检查、法律责任、附则。

4.《中华人民共和国职业病防治法》

《中华人民共和国职业病防治法》（以下简称《职业病防治法》）于2001年10月27日第九届全国人民代表大会常务委员会第二十四次会议通过，自2002年5月1日起施行。

2011年12月31日第十一届全国人民代表大会常务委员会第二十四次会议上通过《关于修改〈中华人民共和国职业病防治法〉的决定》，自通过之日起实施。其立法目的是预防、控制和消除职业病危害，防治职业病，保护劳动者健康及其相关权益，促进经济社会发展。

5.《中华人民共和国突发事件应对法》

《中华人民共和国突发事件应对法》于2007年8月30日经第十届全国人民代表大会常务委员会第二十九次会议审议通过，自2007年11月1日起施行。该法的立法目的是预防和减少突发事件的发生，控制、减轻和消除突发事件引起的严重社会危害，规范突发事件应对活动，保护人民生命财产安全，维护国家安全、公共安全、环境安全和社会秩序。

6.《中华人民共和国特种设备安全法》

《中华人民共和国特种设备安全法》由中华人民共和国第十二届全国人民代表大会常务委员会第三次会议于2013年6月29日通过，2013年6月29日中华人民共和国主席令第4号公布。附则共七章一百零一条，自2014年1月1日起施行。

二、安全生产法规

1.《危险化学品安全管理条例》

《危险化学品安全管理条例》(国务院令第591号)于2011年2月16日国务院第144次常务会议修订通过，自2011年12月1日起施行。根据2013年12月7日国务院令第645号发布的《国务院关于修改部分行政法规的规定》进行第二次修订。它的立法目的是为了加强危险化学品的安全管理，预防和减少危险化学品事故，保障人民群众生命财产安全，保护环境。

2.《生产安全事故报告和调查处理条例》

《生产安全事故报告和调查处理条例》于2007年3月28日国务院第172次常务会议通过，自2007年6月1日起施行，条例共六章四十六条。它的立法目的是规范生产安全事故的报告和调查处理，落实生产安全事故责任追究制度，防止和减少生产安全事故。

第三节　机械安全部门规章和生产有关标准

一、机械安全部门规章

1.《起重机械安全监察规定》

《起重机械安全监察规定》于2006年11月27日国家质量监督检验检疫总局局务会议审议通过，自2007年6月1日起施行。根据国家质量监督检验检疫总局令，《起重机械安全监察规定》的立法目的是为了加强起重机械安全监察工作，防止和减少起重机械事故，保障人身和财产安全。

2.《安全生产事故隐患排查治理暂行规定》

《安全生产事故隐患排查治理暂行规定》于2007年12月22日国家安全生产监督管理总局局长办公会议审议通过，自2008年2月1日起施行。

《安全生产事故隐患排查治理暂行规定》适用于生产经营单位安全生产事故隐患排查治理和安全生产监督管理部门、煤矿安全监察机构实施监管监察。

二、机械安全生产有关标准

1.《机械安全　设计通则　风险评估与风险减小》

《机械安全　设计通则　风险评估与风险减小》（GB/T 15706—2012）按照GB/T 1.1—2009给出的规则起草。

本标准规定了机械设计过程中用于实现机械安全的基本术语、原则和方法，以及风险评估与风险减小的原则，以帮助设计者实现机械安全的目标。这些原则基于与机械有关的设计、使用、事件、事故和风险的知识和经验。

2.《个人用眼护具技术要求》

《个人用眼护具技术要求》（GB 14866—2006）代替《眼面护具通用技术条件》（GB/T 14866—1993），由国家安全生产监督管理局于2006年2月27日发布，自2006年12月1日起施行。

《个人用眼护具技术要求》适用于除核辐射、X 光、激光、紫外线、红外线及其他辐射以外的各类个人眼护具。

第四节　安全员的角色与职责

基层安全员是企业安全管理网络中的末梢，这是一个较为特殊也很重要的群体。许多安全信息的传递、作业地点与作业人员的安全状态、安全隐患的查处、各种设备的安全防护等，凡是与安全有关系的问题，都需要由安全员来监督检查和督促完成。

一、安全员的角色

安全员作为企业中最基层的安全生产管理人员，其作用举足轻重。但要在岗位上有所作为，充分发挥自身的作用，就要正确地认识自身肩负的责任，把握好自己的职权，以高度的责任心开展工作。

1．安全员的四种角色

（1）当好“先锋官”。安全员在安全生产上是主角。

（2）做好“二传手”。当好“先锋官”并不是说事事要亲自做，关键是找准自己的位子，即做好“二传手”。

（3）唱好“黑脸”。作为一名安全员，对职工在生产过程中出现的违章行为，必须严肃对待、严加处理，不能感情用事、姑息迁就。

（4）当好“扫雷兵”。伤害事故的发生往往是难免的，在事故发生后，安全员要挺身而出，采取有效的补救措施，积极为企业解困、为职工解难，把事故损失降到最少。

2．安全员的类型

（1）盲目执行型。这种类型的安全员往往缺乏针对性，不能有的放矢地开展工作，表现为态度和作风生硬，给人一种官僚主义的感觉。

（2）大撒把型。有些安全员不是很乐意承担这一职责，工作中往往表现为得过且过，对工作没有责任心。

（3）劳动模范型。在工作中，这种类型的安全员一般踏踏实实、勤勤恳恳，但不能指导、帮助身边的职工一同搞好安全工作，所以如果不对其进行管理能力方面的培训，他们就很难胜任安全员工作。

（4）哥们儿义气型。这种类型的安全员对待职工常常称兄道弟，像哥们儿一样，在工作中自然也容易意气用事，缺乏原则性。

（5）生产技术型。这种类型的安全员往往是业务尖子，但缺乏人际关系的协调能力，工作方法比较简单，常常用对待机器的方法来对待人。

缺陷型安全员的特点和改进方法见表1—1。

表1—1　　缺陷型安全员的特点和改进方法

类型	优点	缺点	改进方法
盲目执行型	能不折不扣地完成上级交给的任务	具有执行的精神；缺乏创新和管理能力；态度和作风生硬，有官僚主义的感觉	多领会上级意图，开拓创新；多学习管理方面的知识，提高领导艺术
大撒把型	无	对工作没有责任心，得过且过；没有威信	加强责任心

续表

类型	优点	缺点	改进方法
劳动模范型	工作踏实，勤勤恳恳，不讲报酬	靠自己的行动影响职工工作；不适合承担开拓性工作	加强管理能力，发挥领导作用
哥们儿义气型	有凝聚力，讲究义气	容易感情用事；缺乏原则性，把自己混同于非正式小团体的小头目	找准位置，摆正态度
生产技术型	业务能力强，能独当一面	缺乏人际关系协调能力；工作方法比较简单；处理问题比较机械	进行人际关系方面的学习和改进

二、安全员的作用

1. 组织指导作用

安全员的组织指导作用就是引导职工按照车间、班组的安全工作计划朝着确定的目标开展安全工作。在组织职工开展各项安全生产工作时，充分发挥其作用，如组织职工做好生产前的准备工作，强调在作业过程中应注意的安全问题等。

2. 宣传教育作用

广泛开展预防事故宣传教育是做好安全工作的重要前提。安全员与岗位工人工作在一起，可充分发挥其在职工群众中的宣传作用，利用工间休息和日常闲聊适时地在工人当中进行安全知识的宣传教育，这是做好安全工作的一项重要举措。

3. 检查监督作用

抓安全工作，难就难在各项安全制度和措施的落实上。安全员与岗位工人工作在一起，可充分发挥其检查监督的作用，把规章制度和安全措施贯穿到日常工作之中。要从点滴入手，严抓细管，从穿衣着装、日常出勤、物品放置等细小环节抓起，从小事上下功夫，严格检查落实各项安全制度。

三、安全员的职责和工作特点

安全员必须认真履行自己的职责，在工作中做到敢说敢管敢干，才能搞好企业的安全管理工作，杜绝和减少各类事故的发生。

1. 安全员岗位职责

（1）执行党和国家在安全生产、劳动保护方面的方针政策、法规和上级的指示，协助领导做好安全生产管理工作。

（2）参与技术人员制定单项工程安全技术措施，协助项目领导检查安全制度的落实。

（3）深入现场检查安全工作，发现隐患，及时组织处理，制止违章作业和违章指挥。

（4）参加班组安全活动，指导班组的业务工作，检查班组日志。

（5）随时掌握施工生产安全动态，在生产调度会上及时进行通报。

（6）负责现场大型设备及物资运输安全，协助工伤事故的处理和上报。

（7）负责劳保用品的安全检查与监督。

（8）做好安全工作的原始记录，按时上报有关资料和报表，并及时向有关部门汇报工作。

2. 安全员的工作特点

安全员是一线安全工作的指挥员和战斗员，要履行好岗位职责，就不能当脱产干部，必须和岗位工人打成一片，坚持做到三个“不脱离”。

（1）不脱离生产任务。

（2）不脱离生产现场。

（3）不脱离班组职工。

3. 工作中的常见问题

安全员与部分职工矛盾冲突大、关系紧张的主要原因是相互之间缺少沟通与理解，职工对待安全的意识、态度与安全员不一致是造成矛盾的关键，主要表现如下：

（1）职工安全意识淡薄，缺乏安全知识，不能正确地认识事故隐患。

（2）不少职工存在侥幸心理、冒险心理、麻痹心理、逆反心理等各种心理障碍，对安全员的提醒不重视，对安全员的管理不服从，我行我素。

（3）一些职工虽然知道违章要受处罚，并知道严格的安全管理是在保障自己的安全，但处罚所涉及的经济利益比安全生产所带来的利益更直接，无法接受。

（4）安全员与车间主任、班组长在认识上不一致，安全管理工作得不到支持，工作难度大。

要改变这种状态，安全员必须充分发挥主观能动性，在平时就要寻找机会主动找职工交谈，进行沟通来寻求共识，提高职工的安全意识，丰富职工的安全知识，以获取职工更多的关心、理解和支持。

第五节 对安全员的要求

作为奔波在生产一线的安全员，其形象和素质的高低优劣，是企业安全管理水平的具体体现。一名合格的安全员，在生产一线不仅要善于发现隐患，还要懂得一些心理学的知识，掌握好每位职工的心理反应和思想动态，因人施教，做到有的放矢。

一、安全员的素质

尽管安全员的角色似乎“很小”，但要干好这一角色并不容易，因为安全工作对安全员的要求是很高的。一名优秀的安全员必须具备以下过硬的素质：

1．思想素质

对于从事安全工作的安全员来说，安全思想素质是最基本的素质，必须热爱安全工作，能吃苦耐劳，视安全工作为己任，牢固树立安全就是健康、安全就是生命的观念。

2．文化素质

安全员文化水平的高低与自身的工作岗位有着密切的关联。文化水平较低，工作起来就会感到很吃力，不能得心应手。

3．专业素质

安全员安全专业知识丰富与否，直接关系到安全管理工作的水平和成效。安全员必须练好“内功”，勤奋学习，及时掌握、了解、运用安全生产的新知识、新信息、新经验和新技术，在实际工作中不断总结，丰富自我，提高专业素质。

4．管理素质

安全管理是一项系统工程，涉及生产的全过程、全方位，包括安全计划、交底、检查、考核、培训等一系列的工作内容，所以安全员要全面系统地了解各项工作内容，掌握工作方法，提高安全管理素质，保证安全生产的顺利进行。

二、对安全员的要求

1．具有丰富的安全知识

一名合格的安全员必须了解国家有关安全生产和职业卫生方面的法律法规、规章和标准；熟知机械安全、电气安全、特种设备安全、职业病防治、个体防护等方面的知识；具有安全生产管理、安全生产技术方面的知识，熟悉本企业、本岗位生产及工艺情况。

2．具有熟练的操作技能

一名合格的安全员不仅要掌握安全知识，还要具备各岗位的现场操作技能。在指出别人的违章行为时，可以以身示范，按标准要求进行熟练操作，这样才具有说服力。

3．具有强烈的责任心和认真细致的工作作风

安全员在工作中应认真细致，牢记“安全在于谨慎，事故出于麻痹”这一道理。在作业或检修工作中，安全员应当是工作最为细致的人，因为在作业人员的意识中，安全责任往往推到安全员身上，虽然这种想法是不对的，但安全员还是应当尽可能地想到预防事故的方方面面，采取各种有效的防范措施，做到防患于未然。

4．具有强烈的敬业精神、奉献精神

作为一名安全员，首先应热爱安全工作，有“爱”这个原动力，才能体会到安全管理工作的重大意义、重大责任，才能体会到自己的工作价值，才能全身心地投入安全工作中去。

5．具有坚强的意志

安全员在管理中时常会遇到困难，在制止、处罚违章行为时，有的职工不理解，甚至产生抵触情绪；事故调查时“你遮我掩”，没人说明事情的真相。面对众多的困难和挫折，安全员不能畏难、退缩，不能消沉，更不能一气之下什么都不管了，要勇于克服困难，激流勇进。

6．具有宽容的心态

安全工作是原则性很强的工作，由于一些职工不理解，会发生各种各样的矛盾、冲突、争执，甚至受到辱骂、指责。这种时候，安全员应当注意工作方法，耐心疏导。因此，安全员必须具有宽广的胸怀，保持一个良好的心态。

7．具有解决矛盾冲突的能力

安全员不但不能惧怕矛盾，还要勇敢面对矛盾，把处理矛盾作为锻炼自己的途径，在不断的解决矛盾中提高自己处理问题、解决冲突的能力。

8．具有良好的职业道德

德高望重才能树立威信，让人信服。安全员只有自身做得对，具有良好的道德风尚，职工才会接纳安全员的意见，服从安全员的管理，安全员的工作才能得心应手。

9．具有反应敏捷和发散思维的决断能力

企业的安全生产形势千变万化，即使安全管理再严格，手段再到位，都有不可预测的风险。当看到潜在的危害事件时，能做好各项工作的风险辨识；当遇到紧急情况时，可果断地下命令，启动应急预案；当事故发生后能处理及时，把各种损失降到最少。

10. 具有良好的身体素质

在工作中，为了安全上不留“死角”，不论是高空装置，还是地下设施，安全员要巡检到现场的所有角落，因此避免不了要东奔西走，无论白天黑夜，无论天气好坏，只要有人作业，安全员就要工作，没有良好的身体素质很难做好安全工作。

第六节　安全员的工作方法

在安全工作中，广大安全员尽职尽责，为使企业职工免遭事故伤害付出了大量的精力，也总结出了很多行之有效的工作方法。

一、安全员工作方法

1. 依靠职工，相互团结

依靠职工、相互团结的一个重要方法，就是遇事同大家商量，尊重职工的意见。安全员不能只听顺耳意见，不听逆耳意见，即使是错误意见，也要耐心进行说服教育，引导职工正确对待。搞好团结的主要技巧有以下几点：

(1) 开诚布公。有问题摆到桌面上来，讨论时要从工作出发，不感情用事。要实事求是，不隐瞒自己的观点。处理问题时要以理服人，不以权势压人。开展教育批评时，要从团结的愿望出发，不整人、不伤人、不夸大事实，对人对己都一分为二。

(2) 出于公心。要有安全成绩归功于大家、缺点错误主动承担责任的风格，多做自我批评。

(3) 办事公平。不能厚此薄彼，亦亲亦疏，更不能对合得来的职工亲如兄弟，对其违章行为装聋作哑，甚至为其遮盖；对合不来的职工则视若仇人，对其缺点、错误添油加醋，给予不恰当的批评。

2. 抓好典型，以点带面

“榜样的力量是无穷的”“火车跑得快，全靠车头带”。抓先进典型，是提高安全工作水平的一条重要途径。因此，安全员要通过抓先进典型，来以点带面、以点促面。

3. 运用激励，强化动力

搞好安全工作的内在动力是全体职工的责任感和积极性。运用激励机制，是调动职工积极性的有效方法。

4. 突出重点，“弹好钢琴”

讲究工作艺术，是安全员做好安全工作的一个重要方面。安全工作的内容相当广泛，若安排不当，就会出现顾此失彼的现象。解决这个问题的办法，就是学会“弹钢琴”。弹钢琴要求十个手指的动作有节奏，互相配合。安全工作也是一样，要抓住重点，有主有次，不能眉毛胡子一把抓。

二、安全员工作经验荟萃

1. 安全员工作中的“多”

(1) 工作中坚持“五多”

1) 多学习提高。学习是提高能力的基础和前提。随着安全管理要求的不断提高和安全科技的不断进步，安全员如若不重视加强学习，其素质就难以达到岗位工作要求。

2) 多借鉴他人经验。安全工作要克服经验主义，但绝对不是不讲究经验，安全工作中的实践经验对做好工作确实具有积极的指导作用。

3) 多与职工沟通。安全员要养成民主管理作风，日常工作中注重听取职工的意见和建议，通过交流、座谈讨论、班务公开等多种方式征集职工的合理化建议，集中职工的智慧。

4）多请示汇报。安全员作为安全工作的责任人，所负责的仅是全局安全工作的一部分。要通过经常性的请示汇报，下情上传，使领导和管理部门对生产一线的安全工作情况准确把握，为领导决策提供第一手信息，赢得领导对基层安全工作的支持。

5）多开展活动。安全员要不断创新安全管理的方式方法，如果工作总是按部就班，缺少创新，就容易使职工产生麻痹和疲劳心理。

（2）工作中坚持“多动”

1）多动脑。多动脑，勤思考，不断积累和总结工作经验，努力改进管理方法。

2）多动手。工作中要勤于动手，和职工一起开展设备维护、技术革新、隐患整改、岗位练兵和技术比武等活动，共同提高实践技能。

3）多动口。安全员要当好宣传员，通过不同形式及时向职工传达上级对安全生产工作的重要部署和具体要求，宣传企业的规章制度。

4）多动眼。安全员要勤于观察，及时发现职工的不稳定情绪，做好思想工作，消除安全隐患。

5）多动腿。安全员不能当“脱产干部”，坐在办公室内遥控指挥抓安全，而要多走动，深入作业现场、操作岗位和班组职工当中，勤检查，勤沟通，多指导，多帮助，和职工打成一片。

6）多动笔。安全员要养成勤记工作笔记的习惯，把上级安排的工作和自己想到的事情随时记录下来，以避免工作中的遗漏和差错。

2. 安全员工作中的“会”和“明”

(1) 工作中坚持“四会”

1) 会学。这是当好安全员的首要因素。在安全生产方面，安全员对上是智囊，对下是权威，失去了技术指导的安全员，其权威性就会大打折扣。生产中除了违章行为有明显的表现外，许多事故隐患并不明显，要发现各种设备存在的事故隐患，就必须具有扎实的专业功底。

2) 会查。首先，要具有敏锐的观察能力，善于抓苗头，查明安全规章、技术措施是否落实，做好事前控制，同时要留心职工的思想动态，消除麻痹思想。其次，能够发现安全管理中存在的问题，进行有针对性的改进，或者向领导提出合理化建议，进行相应的调整。

3) 会说。对违章现象要会说，即对存在的问题、违章行为要说到点子上，说出危害性，让违章的职工真正有所醒悟。

4) 会抓。安全员要对整个安全生产过程进行监督，包括安全制度的建立、各种安全规章制度的执行。

(2) 工作中坚持“四明”

1) 思想上要明“理”。安全工作是人命关天的大事。作业岗位是安全生产事故的多发地带，操作工人往往是事故的行为人或伤害对象。

2) 工作上要明“责”。安全责任重如泰山，安全工作人人有责。只有职工齐心协力，个个遵章守纪，人人尽职尽责，才能实现岗位安全。

3) 行为上要明“策”。岗位安全靠规范管理，须讲究策略，注重发挥人的主观能动性。

4）管理上要明“情”。安全员在安全管理中要注重人性化，不仅要用规章制度教育人，还要以情感人，关心职工的思想和生活。

3. 安全员工作中的“不”

安全员作为生产现场安全管理的第一“执行官”，其工作优劣决定了企业安全规章制度、安全措施的落实，决定着职工的生命安全，关系到企业的生产效益，因此安全员要敢于打破情面，坚持做到“三不当”和“三不”。

（1）工作中坚持“三不当”

1）不当“睁眼瞎”。安全员在工作中要理直气壮地管安全，不怕得罪人。

2）不当“老好人”。为做到安全无事故，安全员在检查安全时要从严从细入手，深挖细查，不留“死角”。

3）不当“乌龟腿”。安全员要经常到生产现场去“挑刺儿”，发生紧急情况时应及时赶赴现场处理，所以要练就两条“兔子腿”，而不当“乌龟腿”，慢慢吞吞。

（2）工作中坚持“三不”

1）不甘平庸、勇于创新。随着企业生产条件、工艺技术和职工队伍的不断变化，对安全工作的要求也在不断变化。

2）不尚空谈、埋头苦干。安全工作是一项具体工作，没有真抓实干的认真精神，再好的设想也只能是空想。

3）不畏艰难、百折不挠。安全工作长期性、艰巨性、复杂性的特点，决定了抓安全不是一朝一夕的事，必须牢固树立长期作战的思想。

第二章 机械制造企业安全生产基本知识

第一节 机械制造安全基本常识

一、机械安全的概念和分类

1. 概念

目前，由于大多数生产制造企业都有机械设备，从而会带来一些机械方面的安全隐患，大量的机械安全事故告诉我们，一定要严格遵守相关操作规程，杜绝机械安全事故的发生。

机械安全是从人的需要出发，在使用机械的全过程的各种状态下，达到使人的身心免受外界因素危害的存在状态和保障条件。机械的安全性是指机器在预定使用条件下，执行预定功能，或在运输、安装、调整等过程中不产生损伤或危害健康的能力。

2. 分类

机械的安全功能是指机械及其零部件的某些功能是专门为保证安全而设计的，分为主要安全功能和辅助安全功能两大类。

(1) 主要安全功能。主要安全功能是指这种功能出现故障时会立即增加伤害风险的机械功能。主要安全功能又分为特定安全功能和相关安全功能两种。

特定安全功能：为达到某种特定安全效果的主要安全功能。例如，防止机器意外启动的功能（这种功能一般都是通过与防护装置联用的联锁装置来实现的）、单循环功能、双手操纵功能。

相关安全功能：除特定安全功能以外的主要安全功能。例如，机器进行设定时，通过旁路（或抑制）安全装置（使其不起作用）对危险机构的手动控制功能，保持机械在安全运行限制中的速度和温度控制的功能等。

（2）辅助安全功能。辅助安全功能是指出现故障时不会立即增加或产生危险，而会降低安全程度的机器功能。辅助安全功能的典型例子为对某种主要安全功能的自动监控功能。自动监控功能发生故障时不会马上产生危险，因为主要安全功能还能起作用，除非主要安全功能也同时出现故障。配置辅助安全功能的目的就是为了预防主要安全功能万一出现故障所采取的相应防范措施。若辅助安全功能不起作用了，就等于少了一道防线，降低了安全程度。

二、机械安全的重要性

人类通过活动表现自己的存在，机械延伸了人类自身的功能，强化了改造大自然的能力，推动了人类文明和社会的发展。自20世纪以来，科学极大地促进了高新技术的进步。现代机械的特点是科技含量提高，成为机、电、光、液等多种技术集成的复杂机械系统；绝对数量增加，使用范围扩大，从传统的生产运输领域扩大到人们生活的住、行、娱乐、健身等各个领域。机械设备无处不在、无时不用，是人类进行生产经营活动不可或缺的重要工具和手段，以机械制造为主的装备制造业是一个国家的基础性、战略性产业，体现了国家的综合国力、科技实力和国际竞争力。

利用机械进行生产或服务活动时都伴随着安全风险。新技术、新工艺和新材料的采用使复杂机械系统本身和机械使用过程中的危险因素表现形式复杂化——能量积聚增加、作用范围扩大、伤害形式出现了新的特点等。机械在减轻劳动强度，给人们带来高效、方便的同时，也带来了不安全因素。在我国事故多发的作业中，机械事故发生率高、涉及面广，特别是机电类特种设备事故多、后果严重、死伤比例大，不仅对受害人生命个体及其家庭带来巨大的痛苦，使国家蒙受经济损失，破坏正常的生产、生活秩序，而且对我国的国际形象造成负面影响，成为影响实现社会和谐目标的不和谐因素。随着人们生活质量的提高，安全意识的增强，“关注安全、珍爱生命”的安全氛围日渐浓厚，人们对机械设备的安全期望越来越强烈。在经济全球化的今天，安全性也成为机械产品竞争的重要方面，对机械产品进出口贸易产生十分重要的影响，机械安全问题理所当然地越来越受到人们的重视。所以，必须全方位提高机械装备的科技自主创新和安全技术水平，加强检测方法、设备研发和监管工作的技术支持能力，完善机械安全标准体系，在安全风险评估、检验检测与预警等方面取得突破，从根本上提高抵御机械伤害的能力。

三、机械加工与制造业的特点

机械加工与制造业主要是通过对金属原材料物理形状的改变、加工组装进而成为产品。机械加工与制造业生产的主要特点是：离散为主、流程为辅、装配为重点。

工业生产基本上分为两大方式：离散型与流程型。离散型是指以一个个单独的零部件组成最终产成品的方式。因为其产成品的最终形成是以零部件的拼装为主要工序，所以装配自然就成了重点。流程型是指通过对一些原材料的加工，使其形状或化学属性发生变化最终形成新形状或新材料的生产方式，如冶炼就是典型的流程工业。

机械制造业传统上被认为是属于离散型工业，虽然其中的压铸、表面处理等是属于流程型的范畴，不过绝大部分的工序还是以离散为特点的。所以，机械制造业并不是绝对的离散工业，其中还是有些流程型的特点。

机械制造业具体有以下几个特点：

1. 机械制造业的加工过程基本上是把原材料分割，然后逐一经过车、铣、刨、磨等加工工艺，部件装配，最后装配成成品出厂。

2. 生产方式以按订单生产为主，按订单设计和按库存生产为辅；产品结构（BOM）复杂，工程设计任务很重，不仅新产品开发要重新设计，而且生产过程中也有大量的设计变更和工艺设计任务，设计版本不断更新。

3. 制造工艺复杂，加工工艺路线具有很大的不确定性，生产过程所需机器设备和工装夹具种类繁多。

4. 物料存储简易方便。机械制造业企业的原材料主要是固体（如钢材），产品也为固体形状，因此，存储多为普通室内仓库或室外露天仓库。

5. 机械制造业企业由于主要是离散加工，产品的质量和生产率很大程度依赖于工人的技术水平，而自动化程度主要在单元级，如数控机床、柔性制造系统等。

6. 机械制造业也是一个人员密集型行业，自动化水平相对较低。

7. 产品中各部件制造周期长短不一和产品加工工艺路线的复杂性造成在制品管理不易；且在生产过程中经常有边角料产生，部分边角料还可回收利用，边角料管理复杂；生产计划的制订与车间任务繁重。由于产品种类多，零件材料众多，加工工艺复杂，影响生产过程的不确定因素多，导致生产、采购计划制订困难；产品零部件一般采用自制与委外加工相结合的方式。一般电镀、喷涂等特殊工艺会委托外协厂商加工。

第二节　机械伤害及其产生的原因

一、机械伤害类型

机械装置运行过程中存在着两大类不安全因素。一类是机械危害，包括挤压、辗压、剪切、切割或切断、缠绕、吸入或卷入、冲击、刺伤或扎穿、摩擦或磨损、飞出物打击、高压流体喷射、碰撞或跌落等危害；另一类是非机械危害，包括振动危害、电气危害、噪声危害、辐射危害、温度危害等。

机械行业存在的主要危险和危害见表2—1。

表2—1　　机械行业存在的主要危险和危害

种类	含　义
物体打击	是指物体在重力或其他外力的作用下产生运动，打击人体而造成人身伤亡事故。不包括主体机械设备、车辆、起重机械、坍塌等引发的物体打击

续表

种类	含　义
车辆伤害	是指企业机动车辆在行驶中引起的人体坠落和物体倒塌、飞落、挤压造成的伤亡事故。不包括起重提升、牵引车辆和车辆停驶时发生的事故
机械伤害	是指机械设备运动（静止）部件、工具、加工件直接与人体接触引起的挤压、碰撞、冲击、剪切、卷入、缠绕、甩出、切割、切断、刺扎等伤害。不包括车辆、起重机械引起的伤害
起重伤害	是指各种起重作业（包括起重机安装、检修、试验）中发生的挤压、坠落、物体（吊具、吊重物）打击等造成的伤害
触电	包括各种设备、设施的触电，电工作业的触电，雷击等
灼烫	是指火焰烧伤、高温物体烫伤、化学灼伤（酸、碱、盐、有机物引起的体内外的灼伤）、物理灼伤（光、放射性物质引起的体内外的灼伤）。不包括电灼伤和火灾引起的烧伤
火灾伤害	包括火灾造成的烧伤和死亡
高处坠落	是指在高处作业中发生坠落造成的伤害事故。不包括触电坠落事故
坍塌	是指物体在外力或重力作用下，超过自身的强度极限或因结构稳定性破坏而造成的事故，如挖沟时的土石塌方、脚手架坍塌、堆置物倒塌、建筑物坍塌等。不包括矿山冒顶片帮和车辆、起重机械、爆破引起的坍塌
火药爆炸	是指火药、炸药及其制品在生产、加工、运输、储存中发生的爆炸事故

续表

种类	含义
化学性爆炸	是指可燃性气体、粉尘等与空气混合形成爆炸混合物，接触引爆物体时发生的爆炸事故。包括气体分解、喷雾、爆炸等
物理性爆炸	包括锅炉爆炸、容器超压爆炸等
中毒和窒息	包括中毒、缺氧窒息、中毒性窒息
其他伤害	是指除上述伤害以外的伤害，如摔、扭、挫、擦等伤害

二、机械危害

机械危害是指由于机器零件、工具、工件或飞溅的固体、流体物质的机械作用可能产生伤害的各种物质因素的总称。

机械危害的形式有很多种，其基本形式有以下九种。

1. 挤压危害

这种危害是在两个零部件之间产生的，其中的一个或两个是运动零部件。在挤压危害中最典型的挤压伤害来自压力加工机械，当压力机的冲头向下运动时，人手正在安放工件或调整模具，就会受伤。这种危害不一定两个部件完全接触，只要距离很近，人的肢体就有可能受到挤压伤害。此外，人手还可能在螺旋输送机、塑料注射成型机中受挤压。如果安装距离过近或者操作不当，如在转动阀门的手轮或关闭防护罩时也会受挤压。

2. 剪切危害

当一个具有较为锐利边刃的部件相对其他具有相同边刃的部件做直线的相对运动时，就有可能产生剪切危害。较为典型的是剪切机械，这类机械在工作时所产生的剪切作用能够将人的四肢切断。

3. 切割或切断危害

这种危害也是较为常见的一种。当人体与机械上的尖角或锐边进行相对运动时，这种危害就可能发生。当机械上有锐边、尖角的部件高速转动时，这种危险带给人的伤害会更大，如正在工作着的车床、铣床、刨床、钻床、圆盘锯等。

4. 缠绕危害

有的机械设备表面的尖角或凸出部分能缠住人的衣服、头发甚至皮肤，当这些尖角或凸出部分与人之间产生相对运动时，就可能产生缠绕危害。较为典型的是某些运动部件上的凸出物、带接头、车床的转轴以及进行加工的加工件能将人的手套、衣袖、头发甚至擦机器用的棉纱等缠绕，从而对人造成严重的伤害。

5. 吸入或卷入危害

此类危害常常发生在风力强大的引风设备上。一些大型的抽风或引风设备开动时，能产生强大的空气旋流，将人吸向快速转动的桨叶，从而发生人体伤害，其后果是相当严重的。

6. 冲击危害

冲击危险主要来自两个方面。一是比较重的做往复运动部件的冲击，较为典型的是人受到前进方向刨床床身的边缘部位的冲击碰撞；二是飞出物及坠落物的冲击。这类危害所造成的伤害往往是严重的，甚至是致命的。高速旋转的零部件、工具、工件等固定不牢松脱时，会以高速甩出，虽然这类物件往往质量不大，但由于其转速高，因此动能很大，对人体造成的伤害也比较大。

7. 刺伤或扎穿危害

操作人员使用的较为锋利的工具刃口，以及金工车间里的切屑等，都如同快刀一样，能对人体未加防护的部位造成伤害。

8. 摩擦或磨损危害

摩擦或磨损危害一般发生在旋转的刀具、砂轮等机械部件上。当人体接触到正在旋转的这些部件时，就会与其产生剧烈的摩擦而给人体带来伤害。

9. 高压流体喷射危害

机械设备上的液压元件超负荷，当压力超过液压元件工作允许的最大值时，使高压流体喷射冲出，就有可能给人体带来伤害。

与机械相关的滑倒、倾倒和跌落危害也应包括在机械危害之列。

综上所述，机械危害是多方面的，往往一种机械同时存在着多种危害，这时，对人体造成的伤害也是多种的。

三、非机械危害

1. 振动危害

按振动作用于人体的方式，振动可分为局部振动和全身振动。振动可对人体造成生理和心理的影响，严重的振动可能产生生理机能严重失调等病变。

2. 电气危害

电气危害的主要形式是电击、燃烧和爆炸。

电气危害产生的条件有：人体与带电体的直接接触或接近高压带电体，静电现象，带电体绝缘不充分而产生漏电，电路短路或过载引起的热辐射和化学效应，以及由于电击所导致的使人跌倒、摔伤等。

3. 噪声危害

主要的噪声危害源有机械噪声、电磁噪声和空气动力噪声等。

根据噪声的强弱和作用时间不同，噪声可造成耳鸣、听力下降、永久性听力损伤，甚至爆震性耳聋等；再有就是噪声对生理的影响（包括对神经系统、心血管系统的影响）；噪声还可能使人产生厌烦、精神压抑等不良心理反应；噪声干扰语言和听觉信号从而可能继发其他危害等。

4. 辐射危害

某些辐射源可杀伤人体细胞和机体内部的组织，轻者会引起各种病变导致死亡。各种辐射源可分为电离辐射和非电离辐射两类。

（1）电离辐射：包括X射线、γ射线、α粒子、β粒子、质子、中子、高能电子束等。

（2）非电离辐射：包括电波辐射（低频、无线电射频和微波辐射）、光波辐射（红外线、紫外线和可见光辐射）和激光等。

5. 温度危害

温度危害包括：人体与超高温物体、材料、火焰或爆炸物接触，以及热源辐射所产生的烫伤；高温生理反应；低温冻伤和低温生理反应；高温引起的燃烧或爆炸等。

产生温度危害的条件有：环境温度，冷、热源辐射或直接接触高、低温物体（材料、火焰或爆炸物等）。

第三节 机械安全的基本要求

目前，全国机械安全标准化技术委员会（SAC/TC 208）已组织制定了36项机械安全国家标准，有力地推进了我国机械安全技术的发展，但和发达国家相比，安全标准相对滞后，尤其是专业机械的安全标准还不足。对于那些尚未制定安全标准的专业机械设备，可以参照《生产设备安全卫生设计总则》（GB 5083—1999）对其设计和改造提出相应的安全要求。

一、对机械设备的一般要求

1. 外形

在不影响使用功能的情况下，机械设备可被人员接触到的部分及其零部件应设计成不带易伤人的锐角、利棱、凹凸不平的表面和较凸出的部位。

2. 工作位置

生产设备上供人员作业的工作位置应安全可靠。其工作空间应保证操作人员的头、臂、手、腿、足在正常作业中有充分的活动余地。危险作业点应留有足够的退避空间。

座位结构、尺寸应符合人类工效学原则并应满足工作需要和不易疲劳的要求。只要空间尺寸允许，座位必须设有保护人体腰椎的腰靠。设计时，可按《工作座椅一般人类工效学要求》（GB/T 14774—1993）执行。

供司机操作用的座位，应保证司机承受的振动降到合理的最低程度。座位的固定应使其能承受住所有的，特别是倾覆时所承受的负荷。

3. 操纵室

操纵室应具有防御外界有害作用（如噪声、振动、粉尘、毒物、热辐射和落物等）的良好性能。当操纵室工作环境温度低于 -5℃或高于35℃时，应配置空调装置或安全的采暖、降温装置。操纵室应保证操作人员在事故状态下能安全撤出。对有可能发生倾覆的可行驶生产设备，除应设置保护操纵室的安全支撑外，还应设置能从里面打开的紧急安全出口。

4. 防滑和防高处坠落

设计操作位置时必须充分考虑人员脚踏和站立的安全性。

若操作人员经常变换工作位置，则必须在生产设备上配备安全走板。安全走板的宽度应不小于500 mm。若操作人员进行操作、维护、调节的工作位置在坠落基准面2 m以上时，则必须在生产设备上配置供站立的平台和防坠落的护栏、护板或安全圈等。设计梯子、钢平台和防护栏，应按《固定式钢梯及平台安全要求　第1部分：钢直梯》（GB 4053.1—2009）、《固定式钢梯及平台安全要求　第2部分：钢斜梯》（GB 4053.2—2009）和《固定式钢梯及平台安全要求　第3部分：工业防护栏杆及钢平台》（GB 4053.3—2009）来执行。

生产设备应具有良好的防渗漏性能。对有可能产生渗漏的生产设备，应有适宜的收集和排放装置，必要时，应具有特殊防滑地板。

二、对控制机构的要求

控制机构由信号、显示器、操纵器和控制系统构成。

1. 信号和显示器

生产设备上易发生故障或危险性较大的区域，应配置声、光或声、光组合的报警装置。事故信号，应能显示故障的位置和种类。危险信号，应具有足够强度并与其他信号有明显区别，其强度应明显高于生产设备使用现场其他声、光信号的强度。信号应满足《机械电气安全　指示、标志和操作　第1部分：关于视觉、听觉和触觉信号的要求》（GB 18209.1—2010）中的要求。

2. 操纵器

设计、选用和配置操纵器应与人体操作部位的特性（特别是功能特性）以及控制任务相适应，除应符合《操纵器一般人类工效学要求》（GB/T 14775—1993）、《机械电气安全 指示、标志和操作 第3部分：操纵器的位置和操作的要求》（GB 18209.3—2010）等规定外，还应满足以下要求：

（1）生产设备关键部位的操纵器，一般应设电气或机械联锁装置。

（2）对可能出现误动作或被误操作的操纵器，应采取必要的保护措施。

3. 控制系统

控制装置应保证当动力源发生异常（偶然或人为地切断或变化）时也不会造成危险。必要时，控制装置应能自动切换到备用动力源和备用系统。控制系统的设计应满足《机械安全 控制系统有关安全部件 第1部分：设计通则》（GB/T 16855.1—2008）中的要求。

三、对防护装置的要求

机械的防护装置包括安全防护装置和紧急停车装置。

1. 安全防护装置

操作者和运转中的可动零部件之间的防护距离应符合《机械安全 避免人体各部位挤压的最小间距》（GB 12265.3—1997）的要求；安全防护装置的设计和制造应满足《机械安全 防护装置 固定式和活动式防护装置设计与制造一般要求》（GB/T 8196—2003）的要求。

2. 紧急停车装置

急停装置的设计应使操作者和其他需要启动急停装置的人员易于操作。可使用的操纵机构的类型包括蘑菇形按钮、金属丝（绳）、手柄、脚踏板等，其设计应满足《机械安全　急停　设计原则》(GB 16754—2008)中的有关要求。

四、对检验与维修的要求

1. 一般要求

机械设备必须保证按规定运输、搬运、安装、拆卸。检修时，不发生危险和危害。

2. 重心

对于重心偏移的设备和大型部件，应标志其重心位置和吊装位置，保证设备安装的安全。

3. 日常检修

机械设备的加油和日常检查一般不得进入危险区内，可在设备上预留检修孔。

4. 危险区内的检修

机械设备的检修与维护，若需要在危险区内进行的，必须采取可靠的防护措施，如切断电源等，以防止发生危险。

5. 检修部位开口

机械设备需要进入检修的部位应有适合人体测量尺寸要求的开口。

6. 检修空间

所有需要进行检修的部位都应有足够的检修空间。

五、安全色、安全线和安全标志

1. 安全色

(1) 安全色的含义及用途。安全色是指特定的表达安全信息的颜色。它以形象而醒目的色彩语言向人们提供禁止、警告、指令、提示等安全信息。

安全色包括四种颜色，即红色、黄色、蓝色、绿色。

红色表示禁止、停止的意思。禁止、停止和有危险的器件设备或环境涂以红色的标记，如禁止标志、交通禁令标志、消防设备。

黄色表示注意、警告的意思。需警告人们注意的器件、设备或环境涂以黄色标记，如警告标志、交通警告标志。

蓝色表示指令、必须遵守的意思，如指令必须佩戴个人防护用具标志、交通指示标志等。

绿色表示通行、安全和提供信息的意思。可以通行或安全情况涂以绿色标记，如表示通行、机器启动按钮、安全信号旗等。

（2）对比色。对比色有黑、白两种颜色。黄色安全色的对比色为黑色，红、蓝、绿安全色的对比色均为白色，而黑、白两色互为对比色。

黑色用于安全标志的文字、图形符号，警告标志的几何图形和公共信息标志。

白色作为安全标志中红、蓝、绿安全色的背景色，也可用于安全标志的文字和图形符号以及安全通道、交通的标线，铁路站台上的安全线等。

红色与白色相间的条纹比单独使用红色更加醒目，表示禁止通行、禁止跨越等，用于公路交通等方面的防护栏杆及隔离墩。

黄色与黑色相间的条纹比单独使用黄色更为醒目，表示要特别注意。用于起重吊钩、剪板机压紧装置、冲床滑块等。

蓝色与白色相间的条纹比单独使用蓝色更为醒目，用于指示方向，多为交通导向标。

2. 安全线

安全线是指工矿企业中用以划分安全区域与危险区域的分界线。厂房内安全通道的标线、铁路站台上的安全线都是常见的安全线。根据国家有关规定，安全线用白色标记，宽度不小于60 mm。在生产过程中，有了安全线的标示，人们就能区分安全区域和危险区域，有利于人们对危险区域的认识和判断。

3. 安全标志

安全标志由安全色、几何图形和图形符号构成，用以表达特定的安全信息。使用安全标志的目的是提醒人们注意不安全因素，防止事故发生，起到保障安全的作用。当然，安全标志本身并不能消除任何危险，也不能取代预防事故的相应设施。

(1) 安全标志的类型。安全标志分为禁止标志、警告标志、指令标志和提示标志四大类型。

(2) 安全标志的含义

禁止标志是指禁止人们不安全行为的图形标志。其基本形式为带斜杠的圆形框。圆环和斜杠为红色，图形符号为黑色，衬底为白色。

警告标志是指提醒人们对周围环境引起注意，以避免可能发生危险的图形标志。其基本形式是正三角形边框。三角形边框及图形为黑色，衬底为黄色。

指令标志是指强制人们必须做出某种动作或采用防范措施的图形标志。其基本形式是圆形边框。图形符号为白色，衬底为蓝色。

提示标志是指向人们提供某种信息的图形标志。其基本形式是正方形边框。图形符号为白色，衬底为绿色。

(3) 使用安全标志的相关规定。安全标志在安全管理中的作用非常重要，作业场所或者有关设备、设施存在的较大危险因素，员工可能不清楚，或者常常忽视，如果不采取一定的措施加以提醒，这看似不大的问题，也可能造成严重的后果。因此，在有较大危险因素的生产经营场所或者有关设备、设施上，设置明显的安全警示标志，以提醒、警告员工，使他们能时刻清醒地认识到所处环境的危险，提高注意力，加强自身的安全保护，这对于避免事故发生将会起到积极的作用。

在设置安全标志方面，相关法律法规已有诸多规定。《安全生产法》第三十二条规定："生产经营单位应当在有较大危险因素的生产经营场所和有关设施、设备上，设置明显的安全警示标志。"安全警示标志必须符合国家标准。设置的安全标志，未经有关部门批准，不准移动和拆除。

六、其他标志和机械使用说明书

《机械电气安全　指示、标志和操作　第 2 部分：标志要求》(GB 18209.2—2010）和《机械安全　基本概念与设计通则　第 2 部分：技术原则》(GB/T 15706.2—2007）规定，机械必须有用于机械识别和机械安全使用的各种安全标志，并且在永久机械上、随同文件上以及在包装上还要给出适当的补充信息。

1. 整机标志

整机标志应提供产品标志，包括供方名称、地址、系列名称或型号、系列编号和制造年份；指明额定值；如有要求，还应表明符合强制性的要求。

2. 零部件标志

机械和机械部件，其安装或重装可能成为危险源时，应该应用定额牌、铭牌、标签、印戳、雕刻和颜色标记。机械整体零件交货应考虑这类标志。设备上任何标志要与随同文件一致，以避免混乱。

标志、符号和文字信息应容易理解和明确无误，尤其对机械相关的零件或功能。图形符号和安全标志的使用应优先于文字信息。

3. 机械使用说明书

在机械设备使用说明书中除含有必要的技术内容外，还必须包括搬运、储存、安装、调试、操作、维修、保养该机械设备的专项安全卫生要求等。

第四节 实现机械安全的途径和措施

一、风险评估

无论是在新机器设计时，还是在现有机械设备升级改造时，都应对其潜在的风险进行分析，必要时还应采取额外的防护措施，以确保操作人员不受任何潜在危害的影响，并且采用的防护措施不应造成新的风险。包括风险评估和风险降低在内的整个过程可能需要重复数次，以最大限度地消除或降低危险。

1. 风险评价所需要的信息

利用定性和定量方法进行风险评价时要有足够的信息。风险评价信息包括以下内容：

（1）机械的各种限制因素。

（2）机械寿命周期各阶段的技术要求。

（3）机械设计图样、机器特性说明和其他资料。

（4）有关动力源信息。

(5) 可能得到的事故历史及案例资料。

(6) 有损健康的任何信息。

2. 风险评价的步骤及其内容

(1) 风险分析。风险分析从机械功能和使用限制的确定开始，考虑机械全寿命周期的所有阶段。实际上就是对机械寿命周期的各个阶段的机器的特性和性能、有关人员、环境和产品的识别。

1) 机械的功能和使用限制的确定。机械的功能包括机器的产品规格、应用范围、计划使用寿命、预定功能和工作模式等。机械的使用限制包括可预见的机械使用范围，使用者的情况，使用者预期训练水平、经验或能力，可预见的误操作和故障等情况。

2) 危险识别。确定了机械的功能和使用限制后，接下来就是风险评价的最重要步骤——危险识别（机械危险、电气危险、热危险等），并考虑机械在其寿命周期各阶段的所有危险、危险状态和危险事件。

3) 风险评估。对识别出的每一种危险都应进行风险评估。风险由两个要素组合得出，即伤害的严重度和伤害出现的概率。对伤害的严重度有影响的因素为：防护对象的性质；损伤的严重度；对人、机器伤害的范围或限度。对伤害出现的概率有影响的因素包括：暴露的频次和持续时间；危险事件出现的概率；避免或限制伤害的可能性。

确定风险要素应考虑以下方面：

①所有可能暴露于危险区的人员包括操作者、维修人员和可预见的可能受到机器影响的其他人员。

②暴露的类型、频次和持续时间。评估时应考虑到机器的各种操作模式和操作方法，尤其要考虑在调整、示教、过程转换或清理、查

找故障和维修期间人进入危险区的情况。

③安全功能的可靠性，如与安全有关的零部件和系统的可靠性，尤其应注意作为主要安全功能部分的元件和系统的可靠性。

④安全措施被毁坏或避开的可能性。

⑤使用信息。

（2）风险评价。在风险评价阶段，需要基于风险估计的结果来确定是否需要采取防护措施，以及何时实现降低风险。在实现安全的迭代过程中，当应用新的安全措施时，设计者应确认是否又产生了附加危险。如果附加危险出现了，则这些危险应列入危险识别清单中，并重新进行评价。

（3）风险分析和评价方法。风险分析和评价方法很多，常用的方法有预先危险性分析（PHA）、故障模式与影响分析（FMEA）、致命度分析（CA）、事件树分析（ETA）、故障树分析（FTA）等。

二、采用本质安全技术

本质安全技术是指利用该技术进行机器预定功能的设计和制造，不需要采用其他安全防护措施，就可以在预定条件下执行机器的预定功能，满足机器自身的安全要求。

1. 合理的结构形式

结构合理可以从设备本身消除危险与有害因素，避免由于设计的缺陷而导致发生任何可预见的与机械设备的结构设计不合理有关的危险事件。为此，机械的结构、零部件或软件的设计应该与机械执行的预定功能相匹配。

（1）在不影响预定使用功能的前提下，避免锐边、尖角和悬凸部分。

(2) 不得由于配合部件的不合理设计造成机械正常运行时的障碍、卡塞、松脱或连接失效。

(3) 不得因为软件的设计瑕疵引起数据丢失或死机。

(4) 满足安全距离的原则，防止触及危险部位受伤害和避免受挤压或剪切的危险。

2. 限制机械应力以保证足够的抗破坏能力

组成机械的所有零件，通过优化结构设计达到防止由于应力过大破坏或失效、过度变形或失稳坍塌引起故障或引发事故。

(1) 专业符合性要求。机械设计与制造应满足专业标准或规范符合性要求，包括选择机械的材料性能数据、设计规程、计算方法和试验规则等。

(2) 足够的抗破坏能力。各受力零部件应保证足够的安全系数，使机械应力不超过许用值，在额定最大载荷或工作循环次数下，应满足强度、刚度、抗疲劳性和构件稳定性的要求。

(3) 可靠的连接紧固方法。诸如螺栓连接、焊接、铆接、销键连接或粘接等连接方式，设计时应特别注意提高结合部位的可靠性。可通过采用正确的计算、结构设计和紧固方法来限制应力，防止运转状态下连接松动、破坏而使紧固失效，保证结合部的连接强度、刚度及配合精度和密封要求。

(4) 防止超载应力。通过在传动链预先采用“薄弱环节”预防超载，如采用易熔塞、限压阀、断路器等限制超载应力，保障主要受力件避免破坏。

(5) 良好的平衡和稳定性。通过对材料的均匀性和回转精度做出规定，防止在高速旋转时引起振动或使回转件的应力加大；在正常作业条件下，机械的整体应具有抗颠覆或防风、抗滑的稳定性。

3. 采用本质安全工艺过程和动力源

本质安全工艺过程和本质安全动力源，是指这种工艺过程和动力源自身是安全的。

（1）爆炸环境中的动力源安全。对在爆炸环境中使用的机械，应采用全气动或全液压控制操纵机构，或采用“本质安全”电气装置，避免一般电气装置容易出现火花而导致爆炸危险。防爆电气设备类型有本质安全型、隔爆型、增安型、充油型、充砂型、正压型、无火花型、特殊型等。

（2）采用安全的电源。电气部分应符合有关电气安全标准的要求。例如，限制最大额定电压或失效情况下的最大电流、与具有较高电压的电路分开或隔离、采用保护电路或漏电保护装置、加强带电体的绝缘、手动控制或密闭容器采用特低安全电压等，以预防电击、短路、过载和静电的危险。

（3）防止与能量形式有关的潜在危险。采用气动、液压、热能等装置的机械，为避免与这些能量形式有关的各种潜在危险，应按以下要求设计：借助限压装置防止管路或元件超压，不因压力损失、压力降低或真空度降低而导致危险；所有元件（尤其管子和软管）及其连接密封和有效的防护，不因泄漏或元件失效而导致流体喷射；气体接收器、储气罐或承压容器及元件，在动力源断开时应能自动卸压，提供隔离措施或局部卸压及压力指示措施，保持压力的元件应提供识别排空的装置和“注意事项”的警告牌，以防剩余压力造成危险。

4. 控制系统的安全设计

机械控制系统的设计应与所有电子设备的电磁兼容性相关标准一致，防止潜在的危险工况发生，例如，不合理的设计或控制系统逻辑的恶化、控制系统的元件由于缺陷而失效、动力源的突变或失效等原因导致意外启动或制动、速度或运动方向失控等。控制系统的安全设计应符合下列原则：

(1) 统一机构的启动、制动及变速方式。例如，启动或加速运动采用施加或增大电压或流体压力，或采用二进制逻辑元件由“0”状态到“1”状态等方式来实现；制动或减速运动则采用相反的状态来实现。

(2) 提供多种操作模式。不仅考虑执行预定功能的正常操作需要的控制模式，还要考虑非正常作业的需要（例如，必须移开、拆除防护装置，或抑制安全装置的功能才能进行的设定、示教、过程转换、查找故障、清理或维修等操作），提供检修调整的操作模式。通过设置模式选择器来转换并锁定对应的单一操作控制模式，确保检修调整操作不出危险。

(3) 手动控制原则。无论是正常操作还是其他操作，当采用手动控制模式时，控制器应配置于危险区外、操作者伸手安全可达的位置，并应使操作者可以看见被控制部分以便在发现险情时及时停机，设计和配置应符合安全人机工程学原则。

(4) 考虑复杂机器的特定要求。例如，动力中断后重新接通时的自保护系统或重新启动装置，采用重新启动的原则、“定向失效模式”的部件或系统，“关键”件的加倍（或冗余）设置，可重新编程控制系统中安全功能的实现，防止危险的误动作措施，以及采用自动监控系统等其他措施。

（5）控制系统的可靠性。控制系统零部件的可靠性是安全功能完备性的基础。在规定的使用期限内，控制系统的零部件应能承受在预定使用条件下各种应力和干扰（如静电、磁场和电场，绝缘失效，零部件功能的临时或永久失效等）作用，不因失效使机械产生危险的误动作。

5. 材料和物质的安全性

生产过程各个环节所涉及的各类材料（包括制造机器的材料、燃料加工原材料、中间或最终产品、添加物、润滑剂、清理剂，以及与工作介质或环境介质反应的生成物及废弃物质等），只要在人员合理暴露的场所，其毒害物成分、浓度应低于安全卫生标准的规定，不得危及人员的安全或健康，不得对环境造成污染。此外，还必须满足下列要求：

（1）材料的力学性能和承载能力。如抗拉强度、抗剪强度、冲击韧度、屈服点等，应能满足承受预定功能的载荷（诸如冲击、振动、交变载荷等）作用的要求。

（2）对环境的适应性。材料应具有良好的对环境的适应性，在预定的环境条件下工作时，应考虑温度、湿度、日晒、风化、腐蚀等环境影响，材料物质应有抗腐蚀、耐老化、抗磨损的能力，不致因物理性、化学性、生物性的影响而失效。

（3）材料的均匀性。保证材料的均匀性，防止由于工艺设计不合理，使材料的金相组织不均匀而产生残余应力，或由于内部缺陷（如夹渣、气孔、异物、裂纹等）给安全埋下隐患。

（4）避免材料的毒性和火灾爆炸的危险。在设计和制造选材时，优先采用无毒和低毒的材料或物质；防止机械自身或在使用过程中产生的气、液、粉尘、蒸气或其他物质造成的火灾和爆炸风险；在液压装置和润滑系统中，使用阻燃液体（特别是高温环境中的机械）和无毒介质（特别是食品加工机械）。

(5) 对可燃、易爆的液、气体材料，应设计使其在填充、使用、回收或排放时减小风险或无危险。对不可避免的毒害物（如粉尘、有毒物、辐射物、放射物、腐蚀物等），应在设计时考虑采取密闭、排放（或吸收）、隔离、净化等措施。

6. 机械的可靠性设计

机械各组成部分的可靠性都直接与安全有关，机械零件与构件的失效最终必将导致机械设备的故障。关键机件的失效会造成设备事故和人身伤亡事故，甚至严重的灾难性后果。提高机械的可靠性可以降低危险故障率，减少查找故障和检修的次数，不因失效使机械产生危险的误动作，从而可以减小操作者面临危险的概率。

(1) 机械的可靠性概念。机械的可靠性是指机械系统或机械产品在规定的条件下和规定的时间内，完成规定功能的能力。规定的条件包括产品所处的环境条件（温度、湿度、压力、振动、冲击、尘埃、日晒等）、使用条件（载荷大小和性质、操作者的技术水平等）、维修条件（维修方法、手段、设备和技术水平等）；规定的时间是广义的概念，既可以是时间，也可以用距离或循环次数等参数表示；规定的功能，是指机械设备的性能指标，是该机械若干功能的总和。

机械的可靠性一般可分为结构可靠性和机构可靠性。结构可靠性主要考虑机械结构的强度以及由于载荷的影响使之疲劳、磨损、断裂等引起的失效；机构可靠性考虑的不是强度问题引起的失效，而是机构在动作过程中由于运动学问题而引起的故障。

（2）机械可靠性指标。常用的机械产品可靠性指标包括产品的无故障性、耐久性、维修性、可用性和经济性等几个方面。通常用可靠度、故障率、平均寿命（或平均无故障工作时间）、维修度等指标度量。可靠性设计涉及两个方面，一是机械设备要尽量少出故障；二是出了故障要容易修复，即设备的可靠性和维修性，这是在设计时赋予产品的。

（3）可靠性设计方法。可靠性设计方法包括预防故障设计、结构安全设计、简单化和标准化设计、储备设计（冗余设计）、耐环境设计、人机工程设计、概率设计等方法。

三、安全防护措施

安全防护措施是指采用特定的技术手段，防止人们遭受不能由设计适当避免或充分限制的各种危险的安全措施。安全防护措施的类别主要有防护装置、安全装置及其他安全措施，前两者统称为安全防护装置。

安全防护措施是从人的安全需要出发，在各个生产要素处于动态作用的情况下，针对可能对人员造成伤害事故和职业危害，特别是一些危险性较大的机械设备以及事故频繁发生的部位，对机械危险和有害因素进行预防的安全技术措施。

安全防护的重点是机械的传动部分、操作区、高处作业区、机械的其他运动部分、移动机械的移动区域，以及某些机械由于特殊危险形式而需要特殊防护等。采用何种防护手段，应根据对具体机械进行风险评价的结果来决定。

1. 采用安全防护装置可能存在的附加危险

安全防护装置达不到相应的安全技术要求，有可能带来附加危险，即使配备了安全防护装置也不过是形同虚设，甚至比不设置更危险；设置的安全防护装置必须使用方便，否则，操作者就可能为了追求达到机械的最大效用而避开甚至拆除安全防护装置。在设计时，应注意以下因素带来的附加危险并采取措施予以避免。

（1）安全防护装置出现故障会立即增加损伤或危害健康的风险。

（2）安全防护装置在减轻操作者精神压力的同时，也容易使操作者形成心理依赖，放松对危险的警惕性。

（3）由动力驱动的安全防护装置，其运动零部件产生的接触性机械危险。

（4）安全防护装置的自身结构存在安全隐患，如尖角、锐边、凸出部分等危险。

（5）由于安全防护装置与机器运动部分安全距离不符合要求导致的危险。

2. 安全防护装置的一般要求

在人和危险之间构成安全保护屏障，是安全防护装置的基本安全功能。为此，安全防护装置必须满足与其保护功能相适应的安全技术要求。其基本安全要求如下：

（1）结构形式和布局设计合理，具有保护功能，确保人体不受到伤害。

（2）结构应坚固耐用，不易损坏；结构件无松脱、裂损、变形、腐蚀等危险隐患。

（3）不应成为新的危险源，不增加任何附加危险。可能与使用者接触的部分不应产生对人员的伤害或阻滞（如避免尖棱、尖角、加工毛刺、粗糙的边缘等），并应提供防滑措施。

（4）不应出现漏保护区，安装可靠，不易拆卸（或非专用工具不能拆除）；不易被旁路或避开。

（5）满足安全距离的要求，使人体各部位（特别是手或脚）无法逾越接触危险，同时防止挤压或剪切。

（6）对机械使用期间各种模式的操作产生的干扰最小，不因采用安全防护装置增加操作难度或强度，视线障碍最小。

（7）不应影响机器的使用功能，不得与机械的任何正常运动零部件产生运动抵触。

（8）便于检查和修理。

在设计安全防护装置时，必须保证装置的可靠性，其功能除了能防止机械危险外，还应能防止由机械产生的其他各种非机械危险。安全防护装置应与机械的工作环境相适应而不易损坏。

3. 防护装置

防护装置是指采用壳、罩、屏、门、盖、栅栏等结构作为物体障碍，将人与危险隔离的装置。

常见的防护装置有用金属铸造或金属板焊接的防护箱罩，一般用于齿轮传动或传输距离不大的传动装置的防护；金属骨架和金属网制成的防护网，常用于传动装置的防护；栅栏式防护适用于防护范围比较大的场合，或作为移动机械移动范围内临时作业的现场防护，或用于有坠落风险的高处临边作业的防护等。

（1）防护装置的功能

1）隔离作用。防止人体任何部位进入机械的危险区，触及各种运动零部件。

2）阻挡作用。防止飞出物打击、高压液体的意外喷射或防止人体灼烫、腐蚀伤害等。

3）容纳作用。接受可能由机械抛出、掉落、发射的零件及其破坏后的碎片以及喷射的液体等。

4）其他作用。在有特殊要求的场合，还应对电、高温、火、爆炸物、振动、放射物、粉尘、烟雾、噪声等具有阻挡、隔绝、密封、吸收或屏蔽等作用。

（2）防护装置的类型。防护装置按使用方式分为以下几种：

1）固定式防护装置。保持在所需位置（关闭）不动的防护装置。不用工具不可能将其打开或拆除。常见的形式有封闭式、固定间距式和固定距离式。其中，封闭式固定防护装置将危险区全部封闭，人员从任何地方都无法进入危险区；固定间距式和固定距离式防护装置不完全封闭危险区，凭借安全距离来防止或减少人员进入危险区的机会。

2）活动式防护装置。通过机械方法（如铰链、滑道等）与机器的构架或邻近的固定元件相连接，并且不用工具就可打开，常见的有整个装置的位置可调或装置的某组成部分可调的活动防护门、抽拉式防护罩等装置。

3）联锁防护装置。防护装置的开闭状态直接与防护的危险状态相联锁，只要防护装置不关闭，被其“抑制”的危险机器功能就不能执行，只有当防护装置关闭时，被其“抑制”的危险机器功能才有可能执行；在危险机器功能执行过程中，只要防护装置被打开，就给出“停机”指令。

(3) 防护装置的安全技术要求

1) 固定式防护装置应该用永久固定(通过焊接等)方式，或借助紧固件(螺钉、螺栓、螺母等)固定方式固定，若不用工具(或专用工具)就不能使其移动或打开。

2) 防护装置结构体不应出现漏保护区，并应满足安全距离的要求，使人不可能越过或绕过防护装置接触危险。

3) 活动式防护装置或防护装置的活动体打开时，尽可能与被防护的机械借助铰链或滑道保持连接，防止挪开的防护装置或活动体丢失或难以复原而使防护装置丧失安全功能。

4) 活动联锁式防护装置当出现丧失安全功能的故障时，被其“抑制”的危险机器功能不可能执行或停止执行，装置失效不得导致意外启动。

5) 防护装置应设置在进入危险区的唯一通道上。

6) 防护装置结构体应有足够的强度和刚度，能有效抵御飞出物的打击或外力的作用，避免产生不应有的变形。

7) 可调式防护装置的可调或活动部分的调整件，在特定操作期间应保持固定、自锁状态，不得因为机械振动而移位或脱落。

4. 安全装置

安全装置通过自身的结构功能限制或防止机械的某种危险，或限制运动速度、压力等危险因素。常见的有联锁装置、双手操纵装置、自动停机装置、限位装置等。

(1) 安全装置的技术特征

1) 安全装置零部件的可靠性应作为其安全功能的基础，在规定的使用期限内，不会因零部件失效使安全装置丧失主要安全功能。

2）安全装置应能在危险事件即将发生时停止危险过程。

3）重新启动的功能，即当安全装置动作第一次停机后，只有再次重新启动，机械才能开始工作。

4）光电式、感应式安全装置应具有自检功能，当安全装置出现故障时，应使危险的机械功能不能执行或停止执行，并触发报警器。

5）安全装置必须与控制系统一起操作并与其形成一个整体，安全装置的性能水平应与之相适应。

6）安全装置的设计应采用“定向失效模式”的部件或系统，考虑“关键”件的加倍（或冗余），必要时还应考虑采用自动监控。

（2）安全装置的种类。按功能不同分类，安全装置可大致分为以下几类：

1）联锁装置。这是防止机械零部件在特定条件下（一般只要防护装置不关闭）运转的装置。联锁装置可以是机械的、电动的、液压的、气动的或组合的。

2）使动装置。这是一种附加手动操纵装置，只有当手对操纵器作用时才能使机械执行预定功能。

3）止—动操纵装置。这是一种手动操纵装置，只有当手对操纵器作用时，机械才能启动并保持运转；当手离开操纵器时，该操作装置能自动回复到停止位置。

4）双手操纵装置。这是两个手动操纵器同时动作的止—动操纵装置。只有两手同时对操纵器作用，才能启动并保持机械或机械的一部分运转。这种操纵装置可以强制操作者在机器运转期间，双手没有机会进入机器的危险区。

5）自动停机装置。当人或人体的某一部分超越安全限度，就使机械或其零部件停止运转（或保持其他的安全状态）的装置。自动停机装置可以是机械驱动的，如触发线、可伸缩探头、压敏装置等；也可以是非机械驱动的，如光电装置、电容装置、超声装置等。

6）机械抑制装置。这是一种机械障碍（如楔、支柱、撑杆、止转棒等）装置。该装置靠其自身强度支撑在机构中，用来防止某种危险运动的发生。

7）限制装置。防止机械或机械要素超过设计限度（如空间限度、速度限度、压力限度等）的装置。

8）有限运动控制装置。这也称为行程限制装置，只允许机械零部件在有限的行程范围内动作，而不能进一步向危险的方向运动。

9）排除阻挡装置。通过机械方式，在机械的危险行程期间，将处于危险中的人体部分从危险区排除；或通过提供自由进入的障碍，减小进入危险区的概率。

安全装置种类很多，防护装置和安全装置经常通过联锁成为组合的安全防护装置，如联锁防护装置、带防护锁的联锁防护装置和可控防护装置等。

5. 安全防护装置的设置原则

（1）以操作人员所站立的平面为基准，凡高度在 2 m 以内的各种运动零部件应设置防护。

（2）以操作人员所站立的平面为基准，凡高度在 2 m 以上的物料传输装置、带传动装置以及有施工机械施工处的下方，应设置防护。

（3）以操作人员所站立的平面为基准，凡在坠落高度的基准面 2 m以下的作业位置，必须设置防护。

(4) 为避免挤压和剪切伤害，直线运动部件之间或直线运动部件与静止部件之间的间距应符合安全距离的要求。

(5) 运动部件有行程距离要求的，应设置可靠的限位装置，防止因超越行程运动而造成伤害。

(6) 对于可能因超负荷发生部件损坏而造成伤害的机械，应设置负荷限制装置。

(7) 对于惯性冲撞运动部件，必须设置可靠的缓冲装置，防止因惯性而造成伤害事故。

(8) 对于运动中可能松脱的零部件，必须采取有效措施加以紧固，防止由于启动、制动、冲击、振动而引起松动。

6. 安全防护装置的选择原则

选择安全防护装置的形式应考虑所涉及的机械危险和其他非机械危险，根据机械零部件运动的性质和人员进入危险区的需要来决定。对特定机械的安全防护应根据对该机械的风险评价结果进行选择。

(1) 对于机械正常运行期间操作者不需要进入危险区的场合，优先考虑选用固定式防护装置，包括进料、取料装置，辅助工作台，适当高度的栅栏，通道防护装置等。

(2) 对于机械正常运转时需要进入危险区的场合，当需要进入危险区的次数较多，经常开启固定防护装置会带来不便时，可考虑采用联锁装置、自动停机装置、可调防护装置、自动关闭防护装置、双手操纵装置和可控防护装置等。

(3) 对于非运行状态的其他作业期间需进入危险区的场合，如机械的设定、示教、过程转换、查找故障、清理或维修等作业，需要移开或拆除防护装置，或人为使安全装置功能受到抑制，可采用手动控制模式、止—动操纵装置或双手操纵装置、点动—有限的运动操纵装置等。有些情况下，可能需要几个安全防护装置联合使用。

四、安全信息的使用

机械的安全信息由文字、标志、信号、符号或图表组成，以单独或联合使用的形式向使用者传递信息，用以指导使用者安全、合理、正确地使用机械，警告或提醒危险、危害健康的机械状态和应对机械危险事件。安全信息是机械的组成部分之一。

提供安全信息应贯穿机械使用的全过程，包括运输、试验运转（装配、安装和调整）、使用（设定、示教、编程或过程转换、运转、清理、查找故障和维修），如果有特殊需要，还应包括解除指令、拆卸和报废处理的信息。这些安全信息在各阶段可以分开使用，也可以联合使用。

1. 安全信息的功能

（1）明确机械的预定用途。安全信息应具备保证安全和正确使用机械所需要的各项说明。

（2）规定和说明机械的合理使用方法。安全信息中应说明安全使用机器的程序和操作模式，对不按要求而采用其他方式操作机械的潜在风险提出适当警告。

（3）通知和警告遗留风险。对于通过设计和采用安全防护技术均无效或不完全有效的那些遗留风险，通过提供信息通知和警告使用者，以便采用其他的补救安全措施。

应当注意的是，安全信息只起提醒和警告的作用，不能在实质意义上避免风险。因此，安全信息不可用于弥补设计上的缺陷，不能代替应该由设计解决的安全技术措施。

2．安全信息的类别

（1）信号和警告装置等。

（2）标志、符号（象形图）、安全色、文字警告等。

（3）随机文件，如操作手册、说明书等。

3．信息的使用原则

（1）根据风险的大小和危险的性质，可依次采用安全色、安全标志、警告信号和警报器。

（2）根据需要信息的时间。提示操作要求的信息应采用简洁形式，长期固定在所需的机械部位附近；显示状态的信息应尽量与工序顺序一致，与机械运行同步出现；警告超载的信息应在负载接近额定值时提前发出警告信息；危险紧急状态的信息应即时发出，持续的时间应与危险存在的时间一致，持续到操作者干预为止或信号随危险状态解除而消失。

（3）根据机械结构和操作的复杂程度。对于简单机械，一般只需提供有关安全标志和使用操作说明书；对于结构复杂的机械，特别是有一定危险性的大型设备，除了配备各种安全标志和使用说明书（或操作手册）外，还应配备有关负载安全的图表、运行状态信号，必要时提供报警装置等。

（4）根据信息内容和对人视觉的作用采用不同的安全色。为了使人们对存在不安全因素的环境、设备引起注意和警惕，需要涂以醒目的安全色。需要强调的是，安全色的使用不能取代防范事故的其他安全措施。

（5）应满足安全人机工程学的原则。采用安全信息的方式和使用的方法应与操作人员或暴露在危险区的人员能力相符合。只要可能，应使用视觉信号；在人可能有感觉缺陷的场所，如盲区、色盲区、耳聋区或使用个人保护装备而导致出现盲区的地方，应配备感知有关安全信息的其他信号（如声音、触摸、振动等信号）。

五、附加预防措施

附加预防措施是指在设计机械时，除了通过设计减小风险，采用安全防护措施和提供各种安全信息外，还应该另外采取的有关安全措施。例如，急停措施，当陷入危险时的人员躲避和救援措施，机械的维修措施，断开动力源与能量泄放措施，机械及其重型零件安全搬运措施，安全进入机器的措施等。这些附加预防措施是在设计机械时应当考虑的。

1. 急停装置着眼紧急状态的预防措施

每台机械都应装备有一个或多个急停装置，以使已有或即将发生的危险状态得以避开，但用急停装置无法减少其风险的机械除外。急停装置应满足以下安全要求：

(1) 清楚可见，便于识别，明显区别于其他控制装置。一般采用红色的掌形或蘑菇头形状。

(2) 设置在使操作者或其他人员在合理的作业位置可无危险地迅速接近并触及的位置，同时还要有防止意外操作的措施。

(3) 急停装置的控制机构和被操纵机构应采用强制机械作用原则，以保证操作时能迅速停机。

(4) 急停装置应能迅速停止危险运动或危险过程而不产生附加风险，急停功能不应削弱安全装置或与安全功能有关的装置的效能。急停装置被启动后应保持接合状态，在用手动重调之前应不可以恢复电路。

（5）急停装置的零部件及其装配应遵循可靠性原则，能承受预期的操作条件和耐环境影响。

（6）电动急停装置的设计应符合相应电气装置标准的规定。

2. 人们陷入危险时的躲避和救援保护措施

设计机械时应考虑一旦出现危险时，操作者如何躲避；当伤害事故发生时，如何进行救援和解脱等。设置保护措施的例子如下：

（1）在可能使操作者陷入各种危险的设施中，应有逃生路线和屏障。

（2）紧急停机后，可用手动方式使某些零部件运动，或使某些零部件反向运动以解脱危险。

3. 保证机械的可维修性

维修是指为保持或恢复机械设备规定功能所采取的技术措施，包括设备运行过程中的维护保养、设备状态监测与故障诊断以及故障检修、调整和最后的验收试验等，直至设备恢复正常运行的一系列工作。维修性是指对故障机械设备修复的难易程度，即在规定条件和规定时间内，完成某种产品维修任务的难易程度。维修的安全性是通过机械的可维修性和维修作业的安全设计来实现的。

（1）机器的可维修性。可维修性是指通过规定的程序或手段，对出现故障的机械实施维修，以保持或恢复其预定的功能状态。设备的故障会造成机械预定功能丧失，给工作带来损失，而危险故障还会引发事故。通过零部件的标准化与互换性设计，采用故障识别诊断技术，使机械一旦出现故障时能被容易地发现，易拆换、易检修、易安装，解除危险故障，恢复安全功能，消除安全隐患。

（2）维修作业的安全性。在按规定程序或手段实施维修时，从易检易修的角度出发考虑设计机械结构形状、零部件的合理布局和安装空间，以保证维修人员的安全。设计机械时，应考虑以下可维修性因素：

1）将调整、维修等操作点设计在危险区外，减少操作者进入危险区的频次。

2）在设计上考虑维修的可达性，包括安装场所可达、设备外部可达和设备内部可达，提供足够的检修作业空间，便于维修人员观察和检修，并使维修人员以安全、稳定的姿态进行维修作业。

3）在控制系统设置维修操作模式，在安全防护装置解锁或人为失效的情况下，防止意外启动，保证维修安全。

4）断开动力源和能量泄放的措施，使机械与所有动力源断开，保证在断开点的“下游”不再有势能或动能，使机械达到“零能量状态”。

5）随机提供专用检查、维修工具或装置，方便安全拆除和更换报废失效的零部件。

6）在较笨重的零部件上设计方便起吊、搬运设备的附属装置，从而减少操作者手工搬运所面临的危险。

4．安全进出机械的措施

机械设计应提供执行预定操作和日常调整、维修的人员安全进入机器的途径和作业场地。

（1）机械的设计尽可能使高处作业地面化，避免高处作业的危险。

（2）应设计有机内平台、阶梯或其他设施，为执行相应任务提供安全通道。

（3）对于一些大型设备，如大型机械、起重运输设备等，由于有不可避免的高处作业，应根据其距地面的高度提供适当的扶手、栏杆、踏板和（或）把手，高于3 m的直梯还应有安全护笼，当操作位置高于30 m时，还应提供升降设备。

（4）在工作条件下涉及的步行区应尽量用防滑材料铺设；在大型自动化设备和运输线中，应特别注意设计工作，如设计安全进出的通道、跨越桥等。

5．发现和纠正故障的诊断系统

故障诊断是指根据机械设备运行状态变化的信息，进行识别、预测和监视机械运行状态的技术。大多数机械事故是可以通过采取故障诊断等预先识别技术加以防范的。

为了避免或减少因不能及时发现和纠正潜在故障而引发的危险，在设计阶段应考虑有助于发现故障的诊断系统，以及时发现和纠正故障，改善机械的有效性和可维修性，减少维修工作人员面临的危险。

六、实施机械安全的综合措施和实施阶段

机械安全可以概括地分为机械的产品安全和机械的使用安全两个阶段。机械的产品安全阶段主要涉及设计、制造和安装三个环节。机械的使用安全是指机械在执行其预定功能，以及围绕保证机械正常运行而进行的维修、保养等多个环节，这个阶段的机械安全主要是由使用机械的用户来负责。机械设备安全应考虑其“寿命”的各个阶段，任何环节的安全隐患都可能导致使用阶段的安全事故发生。机械安全是由设计阶段的安全措施和由机械用户补充的安全措施来实现的。当设计阶段的措施不足以避免或充分限制各种危险和风险时，则由用户采取补充安全措施最大限度地减小遗留风险。

1. 由设计者采取的安全措施

机械的产品安全通过设计、制造和安装三个环节实现，设计是机械安全的源头，制造是实现产品质量的关键，安装是制造的延续，三者的结合是机械产品安全的重要保证。机械设计安全遵循以下两个基本途径：选用适当的设计结构，尽可能避免危险或减小风险；通过减少对操作者进入危险区的需要，限制人们面临危险。决定机械产品安全性的关键是设计阶段采取安全措施，选择安全技术措施应根据安全措施等级按下列顺序进行：

（1）直接安全技术措施。也称为本质安全技术，是指机械本身应具有本质安全性能，是在机械的功能设计中采用的，不需要额外的安全防护装置，直接把安全问题解决的技术措施，是机械设计优先考虑的措施。选择最佳设计方案，并严格按照专业标准制造、检验；合理地采用机械化、自动化和计算机技术，最大限度地消除危险或限制风险；履行安全人机学原则来实现机械本身具有本质安全性能。

（2）间接安全技术措施。当直接安全技术措施不能或不完全能实现安全时，则必须在机械设备总体设计阶段，设计出一种或多种专门用来保证人员不受伤害的安全防护装置，最大限度地预防、控制事故或危害的发生。要注意，当选用安全防护措施来避免某种风险时，警惕可能产生另一种风险；安全防护装置的设计、制造任务不应留给用户去承担。

（3）指示性（说明性）安全技术措施。在直接安全技术措施和间接安全技术措施对完全控制风险无效或不完全有效的情况下，通过使用文字、标志、信号、安全色、符号或图表等安全信息，向人们做出说明，提出警告，并将遗留风险通知用户。

(4) 附加预防措施。着眼于紧急状态的预防措施和附加措施。如急停措施，陷入危险时的人员躲避和援救措施，机械的可维修性措施，断开动力源和能量泄放措施，机械及其重型零部件装卸、安全搬运的措施，安全进出机械的措施，机械及其零部件稳定性措施等。

2. 由用户采取的安全措施

如果设计者根据上述方法采取的安全措施不能完全满足基本安全要求，这就必须由使用机械的用户采取安全技术和管理措施加以弥补。用户的责任是考虑采取最大限度减小遗留风险的安全技术措施。

(1) 个人防护用品。个人防护用品是劳动者在机械的使用过程中保护人身安全与健康所必备的一种防御性装备，在意外事故发生时对避免伤害或减轻伤害程度起一定作用。按防护部位不同，我国的个人劳动防护用品分为九大类：安全帽、呼吸护具、眼防护具、听力护具、防护鞋、防护手套、防护服、防坠落护具和护肤用品。使用时应注意，根据接触危险场景和有害物质的作业类别及可能出现的伤害，按规定正确选配；个人劳动防护用品的规格、质量和性能必须达到保护功能要求，并符合相应的技术指标。

必须明确个人防护用品不是，也不可取代安全防护装置，它不具有避免或减少面临危险的功能，只是当危险来临时起一定的防御作用。必要时，可与安全防护装置配合使用。由于质量问题或配置不当，按规定该提供的而没能提供，不该提供的反而提供并造成伤害事故的，将负相应的法律责任。

(2) 作业场地与工作环境的安全性。作业场地是指利用机械进行作业活动的地点、周围区域及通道。

1) 功能分区。生产场所功能分区应明确，划分毛坯区，半成品、成品区，工位器具区及废物垃圾区；通道宽敞无阻，充分考虑人和物的合理流向和物料输送的需要，并考虑紧急情况下便于撤离。

2）机械设备布局。机械设备之间、机械设备与固定建筑物之间应保持安全距离，避免机械装置之间危害因素的相互影响和干扰；有潜在危险设备如振动噪声大、加热、爆炸敏感等设备，应采取分散、隔离或防护、减振、降噪等措施，并设置必要的提示和警告标志。

3）物料、器具堆放。工具、夹具、量具按规定摆放，安全稳妥；加工场所存放的坯料、半成品、成品应限量，并堆放整齐、稳固、不超高，防止坍塌或滑落。

4）地面。生产场所地面应平坦、无凹坑，避免凸出的管线等障碍；坑、壕、池应有可靠的防护栏杆或盖板；凸出悬挂物及机械可移动范围内应设防护装置或加醒目标志。

5）满足卫生要求。保证足够的作业照度，符合作业环境的通风、温度、湿度要求，严格控制尘、毒、噪声、振动、辐射等危害不超过规定的卫生标准。

(3) 安全管理措施。当通过各种技术措施仍然不能解决存在的遗留风险时，就需要采用安全管理措施来控制生产中对人员造成的危害。

安全管理措施包括以下方面：

1）落实安全生产组织和明确各级安全生产责任制，建立安全规章制度和健全安全操作规程。

2）加强对员工的安全教育和培训，包括安全法制教育、风险知识教育和安全技能教育，以及特种作业人员的岗位培训（要求持证上岗）。

3）对机械设备实施监管，特别是对安全有重要影响的重大、危险机械设备和关键机械设备及其零部件，必须进行全程安全监测，对其检查和报废实施有效的监管。

4）制定事故应急救援预案等。

必须指出，由用户采取的安全措施对减小遗留风险是很重要的，但是这些措施与机械产品设计阶段的安全技术措施相比，可靠性相对较低，因此，不能用来代替应在设计阶段采取的用来消除危险、减小风险的措施。

机械系统是复杂系统，每一种安全技术管理措施都有其特定的适用范围，并受一定条件制约而具有局限性。实现机械安全靠单一措施难以奏效，需要从机械全寿命的各个阶段采取多种措施，考虑各种约束条件，综合分析、权衡、比较，选择可行的最佳对策，最终达到保障机械系统安全的目的。

第三章 安全生产技术知识

第一节 金属切削机械安全技术

一、金属切削工艺及特点

利用刀具和工件的相对运动，从毛坯上切去多余的金属，以获得所需要的几何形状、尺寸、精度和表面粗糙度的零件，这种加工方法称为金属切削加工，也称为冷加工。金属切削加工的形式很多，一般可分为车、刨、钻、铣、磨、齿轮加工及钳工等。

金属切削机械是一种用运动的刀具把金属毛坯上多余的材料除去的加工机械，也常称为“工作母机”，习惯上称为机床。金属切削机床的种类很多，结构也有很大差异，但其基本结构都是由机座、传动机构、动力源和润滑及冷却系统构成。它们的工作原理都是利用固定在支撑装置上的刀具和被加工工件之间的相对运动，把工件表面多余的金属层逐渐切除。根据加工方式和使用刀具的不同，金属切削机床可分为车床、钻床、镗床、刨插床、拉床、磨床、铣床、齿轮加工机床、螺纹加工机床、锯床和其他机床共 11 大类。

二、金属切削加工中的危险和有害因素

金属切削机械的危险主要来自它们的刀具、转动件，以及加工过

程中飞出的高温、高速的金属切屑或刀具破碎飞出的碎片等，此外还有非机械方面的危害，如电、噪声、振动及粉尘等。

1. 刺伤和割伤

造成这种伤害的因素主要有两个：一是加工刀具锋利的刀刃，二是加工件上或毛坯上的毛刺和锐角。操作者如果不小心，就很容易与刀具、工件发生触碰，造成刺伤、割伤。另外，在进行金属切削时，高速飞溅的切屑很容易刺伤操作者的眼睛、面部等。

2. 绞伤

金属切削机械大都存在旋转部件，当操作者未按要求着装时，容易引发缠绕和绞伤事故，如操作者穿宽松肥大的衣服操作或未将袖口、裤口扎紧，都可能发生缠绕和绞伤事故。

3. 切割和擦伤

金属切削机械高速运动的锐利部分会造成对人体的切割和擦伤事故，如高速旋转的刀具、砂轮等，都可能造成对人体的伤害。

4. 物体打击

高空落物及工件或砂轮高速旋转时沿切线方向飞出的碎片，往复运动的冲床、剪床等，都可使人员受到打击伤害。

5. 烫伤

随着加工切削下来的高温切屑崩溅到人体的暴露部位即可烫伤人体。

6. 触电

由于金属切削设备都属于带电设备，如果设备接地不良，很容易使操作人员触电。

三、工艺操作安全要求

1. 金属切削机床上应装的安全防护装置

设备的防护应做到“六有六必”：有轮必有罩、有轴必有套、有台必有栏、有洞必有盖、有轧点必有挡板、有特危必有联锁。

防护装置是用于隔离人体与危险部位和运动物体的，它是机床结构的组成部分，在机械传动部位，均应安装可靠的防护装置。金属切削机床上应装的安全防护装置主要如下：

（1）防护罩。其作用是将机床的旋转部位与人体隔开，防止人体受伤。

（2）防护挡板。其作用是隔离磨屑、车屑、刨屑、铣屑等各种切屑和切削液，防止它们飞溅伤人。

（3）防护栏杆。对某些不能在地面操作的机床设备，在其危险区域、高处、走台处安设栏杆；容易伤人的大型机床运动部位，如龙门刨床床身两端也应加设栏杆，以防撞人。

2. 防止切屑危害的措施

切屑对操作安全的影响很大，例如，锋利的切屑能对人体未加防护的部位造成刺伤、割伤，高速飞出的切屑碎片容易对人体造成打击伤，高温切屑崩溅到人体的暴露部位可导致人员烫伤，带状切屑还可缠绕伤人。

切屑的危害性与其形状以及切屑流向有关，可从以下几方面进行防护：

（1）控制切屑的形状，使带状切屑折断成小段卷状，这样可避免切屑缠绕伤人。具体措施有改变刀具的角度、安设断屑装置等。

（2）在刀具附近安装排屑器，控制切屑流向，使切屑按预定方向排出。

(3) 在机床上安装透明防护挡板，既可防切屑伤人，又不影响工人的观察与操作。

3. 切削加工前的安全准备工作

切削加工工作开始前应做以下准备工作：

(1) 穿工作服，扎紧袖口，将头发压在工作帽内。戴护目镜，防止飞崩的切屑和飞溅的切削液伤眼。

(2) 检查工作现场，了解前一班机床使用情况。

(3) 检查木质脚踏板的状态。

(4) 检查手工工具的状态（如锉刀把应有金属环，以防劈开扎手，扳手要合适等）。

(5) 布置工作场地，按左右手习惯放置工具、刀具等，毛坯、零件要堆放好。

(6) 检查机床专用起重设备的状态。

(7) 检查机床状况：固定式防护装置的牢固性，电动机导线、操作手把、手轮、冷却润滑软管等是否和机床运动件及回转刀具相碰等。

(8) 合闸，接上电源，打开照明灯。

(9) 空车检查启动和停止按钮、手把、润滑冷却系统。进一步根据加工工艺要求调好机床。

(10) 大型机床需两人以上操作时，必须明确主操作人员，由主操作人员负责统一指挥、互相配合。

4. 车床操作工应遵守的安全操作规程

(1) 操作人员必须经过培训，持证上岗，未取得上岗证的人员不能单独操作车床。

(2) 操作者要穿紧身防护服，袖口扎紧，长发者要戴防护帽并将头发塞进防护帽内，操作时不能戴手套。切削工件和磨刀时必须戴防护眼镜。

(3) 开机前，首先检查油路和转动部件是否灵活正常，夹持工件的卡盘、拨盘、鸡心夹的凸出部分最好使用防护罩，如无防护罩，操作时应注意保持距离，不要靠近，以免绞住衣服或发生碰撞事故。开机时要观察设备运转是否正常。

(4) 车刀要夹持牢固，背吃刀量不能超过设备本身的负荷要求，刀头伸出部分的长度不要超出刀体高度的1.5倍，垫片的形状尺寸应与刀体的形状尺寸相一致，垫片应尽可能少而平。转动刀架时要把车刀退回到安全的位置，防止车刀碰撞卡盘。在机床主轴上装卸卡盘应在停机后进行，不可借用电动机的力量取下卡盘。

(5) 加工较大工件时，床面上要垫木板。用吊车配合装卸工件时，卡盘未夹紧工件不允许卸下吊具，并且要把吊车的全部控制电源断开。工件夹紧后车床转动前，须将吊具卸下。

(6) 使用砂布打磨工件时，砂布要用硬木垫，车刀要移到安全位置，刀架面上不准放置工具和零件，划线盘要夹牢。加工内孔时，不可用手持砂布打磨，应用木棍代替，同时速度不宜太快。

(7) 变换转速应在车床停止转动后进行，以免碰伤齿轮，开车时，车刀要慢慢接近工件，以免切屑突然崩出伤人或损坏工件。

(8) 除车床上装有运转中可自动测量的装置外，均应停车测量工件，并将刀架移动到安全位置。

(9) 工作时间不能随意离开工作岗位，有事离开必须停机断电；

禁止在工作场地玩笑打闹，工作时思想要集中；不能在运转中的车床附近更换衣服；禁止把工具、夹具或工件放在车床床身上和主轴变速箱上。

（10）工作场地应保持整齐、清洁，工件存放要稳妥，不能堆放过高；切屑应用钩子及时清除，严禁用手拉；电气设备发生故障应马上断开总电源，及时通知电工检修，不能擅自拆修。

5. 钻床操作工应遵守的安全操作规程

（1）开机前检查电气设备、传动机构及钻杆起落是否灵活好用，防护装置是否齐全，润滑油是否充足，钻头夹具是否灵活可靠。

（2）钻孔时钻头要慢慢接近工件，用力要均匀适当，孔快要钻穿时，不要用力太大，以免工件转动或钻头折断伤人。精铰深孔、拔锥棒时，不可用力过猛，以免手撞在刀具上。

（3）钻孔时必须夹紧工件，尤其是质量较小的零件必须牢固夹紧在工作台上，严禁用手握住工件加工。钻薄板孔时要用木板垫底，钻较厚工件时钻到一定深度后应清除切屑，并加乳化液冷却，以免折断钻头，停钻前应从工件中退出钻头。

（4）采用自动走刀方式进给时，要选好进给速度，调整好行程限位块。手动进刀时，应逐渐增加压力或逐渐减小压力，以免用力过猛造成事故。

（5）使用摇臂钻床时，横臂回转范围内不准站人，不准有障碍物，工作时必须将横臂紧固。

（6）严禁戴手套操作，钻出的切屑不能用手拿，也不要用嘴吹，须用刷子及其他工具清扫。横臂及工作台上不准堆放物件。

（7）刃磨钻头时一定要戴防护眼镜，钻头、钻夹头脱落时，必须停机后才能重新安装，开机后不准用手摸钻头，不准进行对样板、量尺寸等工作。

（8）工作结束时，要将横臂降到最低位置，主轴箱靠近立柱，并且要夹紧。

（9）工作场地要清洁整齐，工件不能堆放在工作台上，以防掉落伤人。

6. 刨床操作工应遵守的安全操作规程

（1）工作时应穿工作服，戴工作帽，头发应塞在工作帽内。

（2）开机前必须认真检查机床电气与传动机构是否良好、可靠，油路是否畅通，润滑油是否充足。

（3）工作时，操作位置要正确，不得站在工作台前面，防止切屑及工件落下伤人。

（4）工件、刀具及夹具必须装夹牢固，刀杆及刀头伸出应尽量短，以防工件“走动”甚至滑出，使刀具损坏或折断，造成设备事故和人身伤害事故。

（5）应保持刨床的安全保护装置完好无缺、灵敏可靠，不得随意拆下，并要随时检查，按规定时间保养，保持机床运转良好。

（6）机床运行前，应检查和清理遗留在机床工作台面上的物品，机床上不得随意放置工具或其他物品，以免机床开动后发生意外伤人事故。机床开机前还应检查所有手柄和开关及控制旋钮是否处于正确位置。暂时不使用的部件，应将其停靠在适当位置，并使其操纵或控制系统处于空挡位置。

（7）机床运转时，禁止装卸工件、调整刀具、测量检查工件和清除切屑。机床运行时，操作者不得离开工作岗位。观测切削情况时，头部和手在任何情况下均不能进入刀的行程范围之内，以免碰伤。

(8) 不准用手摸工件表面，不得用手清除切屑，以免切屑伤人或飞入眼内，要使用专用工具清除切屑，并应在停车后进行。

(9) 牛头刨床工作台或龙门刨床刀架做快速移动时，应将手柄取下或脱开离合器，以免手柄快速转动而损坏或飞出伤人。

(10) 装卸大型工件时，应尽量使用起重设备。工件起吊后，不得站在工件的下面，以免发生意外事故。工件卸下后，要将工件放在合适的位置，并要放置平稳。

(11) 工作结束后，应关闭机床电气系统和切断电源。将所有操作手柄和控制旋钮都扳到空挡位置，然后再做清理工作，并给机床加注润滑油。

7. 铣床操作工应遵守的安全操作规程

(1) 工人应穿紧身工作服，扎紧袖口，女工要戴防护帽并将头发塞进防护帽内，高速铣削时要戴防护眼镜，铣削铸铁件时应戴口罩，操作时，严禁戴手套，以防手被卷入旋转的刀具和工件之间。

(2) 操作前应检查铣床各部件、电气部分及安全装置是否安全可靠，检查各个手柄是否处于正常位置，并按规定对各部位加注润滑油，然后开动机床，观察机床各部位有无异常现象。

(3) 工作时，先开动主轴，然后做进给运动，在铣刀还没有完全离开工件时不允许先停止主轴的转动。机床运转时，不得调整、测量工件和改变润滑方式，以防手触及刀具碰伤手指。

(4) 做一个方向的进给运动时，最好把另两个进给方向的紧固手柄拧紧以减少工作时的振动，并有利于提高加工精度。

(5) 在机床快速进给时，要把手轮离合器断开，以防手轮快速旋转伤人。在铣刀旋转未完全停止时，不能用手制动。

(6) 铣削中不要用手清除切屑，也不要用嘴吹，以防切屑损伤皮肤和眼睛。

(7) 装卸工件时，应将工作台退到安全位置；使用扳手紧固工件时，用力方向应避开铣刀，以防扳手打滑时手撞到刀具或夹具。将沉重的工件和夹具往工作台上放时，一定要轻放，不许撞击，并且不要在工作台面上敲击。

(8) 把工件、夹具和附件安装在工作台上时，必须清除和擦净工作台面以及夹具、附件安装面上的切屑和脏物，以免影响加工精度。

(9) 装拆铣刀时要用专用衬垫垫好，不要用手直接握住铣刀。在卧式铣床上安装铣刀时，应尽量使它靠近主轴，以减少心轴和横梁的变形。

(10) 注意选择合适的铣削用量，铣削用量应与机床使用说明书所推荐的数据相适应。

(11) 工作完毕，应清洗机床、加注润滑油、检查手柄位置，并对机床夹具、刀具等做一般性检查，发现问题要及时调整或修理，不能自行解决时应向班长反映情况。

第二节　压力加工机械安全技术

一、冲压工艺及特点

冲压机械的工作原理是：冲压机械工作时，其机械传动系统

(包括飞轮、齿轮、曲轴等)做旋转运动,通过曲柄连杆机构带动滑块做直线往复运动,利用分别安装在滑块和工作台上的模具,使板料分离或产生变形。它是一种无切削加工工艺,广泛用于汽车、航空、电动机、仪器仪表等制造部门。

冲压机械主要包括机械压力机、液压机、弯板机和剪板机等。

冲压加工的特点是:速度快,生产效率高,操作工序简单,劳动量大,操作多用人工,易发生误操作,从而造成人身或设备事故。

二、冲压作业的危险和有害因素

冲压作业主要的危险和有害因素主要是机械切伤手指及噪声和振动。冲压作业一般可分为送料、定料、操纵设备、出件、清理废料、工作点布置等工序。这些工序多用人工操作,如用手或脚启动设备,用手工甚至用手直接伸进模具内进行上料、下料、定料作业。由于频繁的简单劳动容易引起操作者精神和体力的疲劳而发生误操作,特别是采用脚踏开关的情况下,若手脚协调不当,更易做出失误动作,因此,冲压作业中极易发生因动作失误而造成切伤手指的事故。另外,在冲压作业中,由于机械的碰撞会产生噪声和振动,直接影响人体健康。

冲压作业各道工序中存在的危险和有害因素

冲压作业包括送料、定料、操纵设备完成冲压、出件、清理废料、工作点布置等操作动作。这些动作常常互相联系,不但对制件质量和作业效率有直接影响,操作不正确还会危害人身安全。

1. 送料。将坯料送入模具内的操作称为送料。送料操作是在滑块即将进入模具区之前进行，所以操作中必须注意安全。如果操作者不需用手在模具内操作，则是安全的，但当进行尾件加工或手持坯件入模进料时，手要伸入模具，一旦操作失误，就具有较大的危险性，因此要特别注意。

2. 定料。将坯料限制在某一固定位置上的操作称为定料。定料操作是在送料操作完成后进行的，它处在滑块即将下行的时刻，因此比送料操作更具有危险性。由于定料的方便程度直接影响到作业的安全，所以，决定定料方式时要考虑其安全程度。

3. 操纵。操纵是指操作者控制冲压设备动作的方式。常用的操纵方式有两种，即按钮和脚踏开关。当单人操作按钮时一般不易发生危险，但多人操作时，会因注意力不集中或配合不当，造成伤害事故，因此，多人作业时必须采取相应的安全措施。脚踏开关虽然容易操作，但也容易因手脚配合失调，发生失误，造成事故。

4. 出件。出件是指从冲模内取出制件的操作。出件是在滑块回程期间完成的。对行程次数少的冲压机械来说，滑块处在安全区内，不易直接伤手；对行程次数较多的开式冲压机，则仍具有较大的危险性。

5. 清理废料。清理废料是指清理模具内的冲压废料。废料是分离工序中不可避免的，如果在操作过程中不能及时清理，就会影响冲压作业正常进行，甚至会出现复冲和叠冲现象，有时也会发生废料、模片飞出伤人的事故。

三、工艺操作安全要求

1. 安装冲模时应注意的安全事项

在冲压机上安装冲模是一件很重要的工作，冲模安装、调整得不好，轻则造成冲压件报废，重则威胁人身和设备的安全。

为了确保冲模安装正确，首先要做好下列准备工作：

(1) 熟悉生产工艺，全面了解该工序所用冲模的结构特点及其使用条件，熟悉制件的结构性能、作用和技术条件，熟悉冲压材料和工艺性能及该工序的工艺要求。

(2) 检查压力机的制动、离合器及操纵机构是否正常，只有确认压力机的技术状态良好，各项安全措施齐全、完备时，才能按照冲模安装的操作规程进行冲模的安装工作。

(3) 检查压力机的打料装置，应将其暂时调整到最高位置，以免调整压力机闭合高度时折弯。

(4) 检查下模顶杆和上模打棒是否符合压力机打料装置的要求（大型压力机则检查气垫装置）。

(5) 检查压力机和冲模的闭合高度，防止发生事故，压力机的闭合高度应略大于冲模的闭合高度。

(6) 将上模板、下模板及滑块底面的油污擦拭干净，并检查有无遗留物，防止影响正确安装和发生意外事故。

安装冲模时，应切断动力和锁住开关，安装次序是先装上模后装下模。上下模安装好后，用手扳动飞轮，使滑块走完半个行程，检查上下模对正的位置是否正确。经检查安装无误后，可空车试冲几次，直至符合要求。将螺杆锁紧并调整好打料装置的位置，安装全部安全装置，并检查、调整和试运行。

2. 模具在拆卸时应注意的安全事项

在拆卸模具时，上下模之间应垫木块，使卸料弹簧处于不受力状态。在滑块上升前，应用锤子敲打上模板，以免滑块上升后模板松动随其脱落，损坏冲模刀口及发生伤害事故。在拆卸过程中必须切断电源，注意操作安全，以防发生事故。

3. 冲压机械允许连续行程操作的几种特殊情况

冲压机械在一般情况下只允许单次行程操作。在以下特殊情况下，才允许连续行程操作：

(1) 有自动送料装置或机械手操作。

(2) 采用条料冲压，且手不需要进入上下模具之间的空间时。

(3) 手动操作，而操作者的手不需要进入上下模具之间的空间，且在该设备的一次往复行程中能够满足上下料的要求。

(4) 具有可靠的安全装置，并冲压简单的零件，且在该设备的一次往复行程中能够满足上下料的要求。

4. 冲压机械需要停机检查、修理的情况

发生下列情况时要停机检查、修理：

(1) 听到设备有不正常的敲击声。

(2) 在单次行程操作时，发现有连冲现象。

(3) 坯料卡死在冲模上，或出现废品。

(4) 照明熄灭。

(5) 安全防护装置不正常。

5. 需要停机并把脚踏板移到空挡位置或锁住的情况

发生下列情况需要停机，并把脚踏板移到空挡位置或锁住：

(1) 操作人员暂时离开。

(2) 发现不正常现象。

(3) 由于停电而使电动机停止运转。

(4) 清理模具。

6. 使用冲压工序常用的手持工具时应注意的安全事项

在中小型压力机上，如不能采用机械化送料、退料装置，则可手持工具送料、取件，使冲压工的双手完全不进入危险区。

目前，常用的工具按其特点可分为弹性夹钳、专用夹钳（卡钳)、磁性吸盘、真空吸盘和气动夹钳。

为了防止工具被意外压入模具，造成模具和设备损坏，应用适宜的材料（尽量用软金属和非金属材料）制作工具。工具的形状、大小应便于操作者握持，冲压工在使用工具前和使用工具后应对其进行认真检查。

7. 冲压操作人员应遵守的安全操作规程

在冲压设备上进行操作时，操作人员应遵守以下安全操作规程：

(1) 开始操作前，必须认真检查防护装置是否完好，离合器、制动装置是否灵活和安全可靠。应把工作台上的一切不必要的物件清理干净，以防工作时物件被振落到脚踏开关上，造成冲床突然启动而发生事故。

(2) 冲压小工件时，不得用手送料，应该使用专用工具，最好安装自动送料装置。

(3) 操作者对脚踏开关的控制必须小心谨慎，装卸工件时，脚应离开脚踏开关。严禁非工作人员在脚踏开关的周围停留。

(4) 如果工件卡在模子里，应用专用工具取出，不准用手拿，并应将脚从脚踏开关上移开。

第三节　木工机械安全技术

一、木工机械及其特点

1. 主要的木工机械

木工机械主要包括以下机械：

（1）原木加工机械。原木加工机械是对原木进行初道加工处理的机械，如锯切、去木皮、除湿等。

（2）木板制造及加工机械。实木板及人造板（胶合板、中密度板、刨花板等材料）的制造机械，并对板材的表面进行处理，以供家具加工所用板材的前道加工工序所用的机械，如拼板机、指接机、冷热压机、覆面机等。

（3）家具制造机械。包括板式家具、办公家具、实木家具以及其他木制品加工制造需要用的机械，有手动、半自动、全自动之分。品种繁多，涉及面广。从锯切、成形、仿形、钻孔、开榫槽、拼接组合、涂胶、涂装到包装等各方面，均可由机械完成。

2. 木工机械的特点

木工机械的特点如下：

（1）高速度切割。

（2）有些零部件的制造精度相对较低。

（3）木工机床的噪声水平较高。

（4）木工机床一般不需要冷却装置，而需要排屑除尘装置。

（5）木工机床采用不能贯通自动进给方式多，数控工位加工方式少。

二、木工机械加工中的危险和有害因素

1. 木工机械加工中的危险因素

（1）木工机床上的零件或刀具飞出的危险。机床上的零件发生意外情况破裂而飞出会造成伤害。例如，锯机上断裂的锯条，磨锯机上破裂的砂轮碎片，木工刨床上未夹紧的刀片等。

（2）加工时与工件接触的危险。木工机械多采用手工送料，当手推压木料送进时，遇到节疤、弯曲或其他缺陷，手会不自觉地与刃口接触，造成割伤甚至断指。在木工车床上，被加工的高速回转的棒料缠住衣物等造成人体的伤害；在进给辊进给工件的机床上，会发生人手被工件牵走，又被拉入进给辊与工件之间的夹口而造成伤害。

（3）操作人员违反操作规程带来的危险。许多伤害都是人为造成的。操作者不熟悉木工机械性能和安全操作技术，或不按照安全操作规程作业，加之木工机械设备没有安装安全防护装置或安全防护装置失灵，都极易造成伤害事故。

（4）接触高速转动的刀具的危险。木工机械的工作刀轴转速很高，一般都要达到2 500～5 000 r/min，最高可达到10 000 r/min，因而转动惯性很大，难以制动，操作者常因不慎使手与转动的锋利的刀具相接触，造成锯伤、刨伤等伤害。

（5）木屑飞出的危险。当圆锯机没有装设防护罩或防护罩有缺陷，锯木料锯下的木屑或碎木块可能会以较大的速度（超过100 km/h）飞向操作者的脸部，给操作者造成严重伤害。

（6）木材或木粉发生燃烧及爆炸的危险。木材是易燃物，木屑、刨花更易着火。加工时产生的木粉在空气中达到一定的浓度时，会形成爆炸性混合物，在有着火源如电火花等情况下会发生爆炸伤人。当

木粉在车间堆积过多时，尤其是堆积在暖气片或蒸汽管上会引起阴燃。

(7) 由于制造原因产生的危险。与其他机械相比，大多数木工机械制造精度相对较低，又缺乏必要的安全防护装置，或防护装置失灵，再加上手工操作居多，容易发生事故。

(8) 触电的危险。木工机床所用电动机多为三相380 V电源，一旦绝缘损坏易造成触电危险。

(9) 电动机停转后手与转动刀具接触的危险。操作人员在电动机停转后，往往习惯用手或木棒去制动木工机床，致使手与转动刀具相接触而造成伤害。

(10) 工件伤人的危险。在没有设置止逆器的多锯片木工圆锯机上，易发生工件回弹伤人的危险。

据统计，在进行木工机械加工操作时，产生人身事故的因素及其出现的百分率见表3—1。

表3—1 用机械加工木材时产生人身事故的因素及出现百分率

序号	因素	百分率（%）	序号	因素	百分率（%）
1	刀具	64.3	5	设备	4.2
2	被刀具打飞的木材	11.2	6	附件	2.1
3	飞出的木屑、料头等	10.5	7	辅助工具	1.4
4	木料倒塌、坠落、挤压	5.6	8	防护装置	0.7

2. 木工机械加工中的有害因素

(1) 噪声。木工机械转速高、送进快、木质软硬不均，又加之木材传送快，所以加工时产生的噪声较大，操作人员长时间在此环境中工作，劳动强度大，易产生疲劳，感到烦躁，影响健康且易使操作者产生失误发生工伤事故。表3—2所列为常用木工机械的噪声级。

表3—2 常用木工机械的噪声级

木工机床	噪声级［dB（A）］		木工机床	噪声级［dB（A）］	
	空转时	操作时		空转时	操作时
木工平刨床	95～107	98～110	榫槽机	85～100	98～103
木工压刨床	97～115	101～120	木工钻床	80～88	85～96
圆锯机	89～103	93～115	磨光机	83～98	94～105
截锯机	96～99	104～111	木工铣床	85～95	86～101

（2）粉尘。木工机械在操作时，产生的木屑高速飞扬，微小的粉尘大量悬浮于空气中，极易被人吸入，长期下去会给人的身体健康带来不良影响。表3—3为常用木工机械的粉尘浓度。

表3—3 常用木工机械的粉尘浓度 mg/m^3

木工机床	粉尘浓度	木工机床	粉尘浓度
木工平刨床	4～5	榫槽机	5～7
木工压刨床	6	木工钻床	6～8
圆锯机	5～6	磨光机	8～10
截锯机	6～8	木工铣床	4～5

（3）振动。在手动进给上料时，会引起较强的局部振动。尤其当木质不均匀时，比如手工推料遇到节疤、弯曲或其他缺陷时更易产生振动，长时间的振动会给人体健康带来不良的影响。

（4）高强度劳动。木材加工多用手工上料，有时木料经常重达30～50 kg，在传送、堆放、运输和搬运时，常常需要高强度的劳动作业。

（5）湿度及高温。一般来讲，在木材加工的工作区湿度都比较大，而给木材进行干燥的设备又会产生高温，这些都会给人带来不利的影响。

三、工艺操作安全要求

1．木工机械的通用安全要求

《木工机械　安全使用要求》（AQ 7005—2008）对木工机械提出了如下的通用安全要求。

（1）刀具、刀体和刀夹

1）机器上安装的切削刀具、刀体和刀夹应有紧固和防松脱措施，确保当启动、运转和制动时不会松脱。

2）机器上的切削刀具除必要的外露部分外，其余不得外露，否则要安装防护罩或接触预防装置。

3）不应使用有明显变形、裂纹、崩刃等缺陷的、影响使用安全的切削工具。

4）切削工具使用磨钝后应及时修磨，经多次刃磨后切削部分的主要参数应能保持基本不变。旋转刀具修磨后应按《木工机床　安全通则》（GB 12557—2010）的规定进行静平衡或动平衡试验。

（2）制动系统。若刀具主轴停机后由于惯性运动存在人与刀具接触的危险时，机器上应设置自动制动器，使刀具主轴在足够短的时间内停止运动。足够短的时间是指小于10 s；或者小于启动时间，但不得超过具体机器标准中规定的时间（对于启动时间大于10 s的刀具主轴)。

(3) 工件的支撑和导向。对于手推工件进给的机器，工件的加工应通过工作台、工件安全进给导向板来支撑和把持。

(4) 防护装置

1) 裸露的传动装置(如带和带轮、链和链轮、变速齿轮等)应设置防护装置。若操作者需伸手进入这一防护区域工作时，则可使用活动式防护装置。使用活动式防护装置时，防护装置开启应与机器启动联锁。

2) 手推工件进给的机器应设置防止手与切削刀具接触的接触预防装置。

3) 防护装置应能抵御由机器部件、工件、折断的工具、喷射物料的冲击，以及由操作者等引起的冲击。

4) 机器上切削刀具的防护罩应按《安全标志及其使用导则》(GB 2894—2008) 的规定设置安全标志。

(5) 吸尘设备

1) 加工木材的木工机械应配置收集粉尘和木屑的单机吸尘设备或连接集中吸尘设备。

2) 吸尘设备的风速为 20 m/s(对于含水率小于 18% 的木屑)和 28 m/s(对含水率大于等于 18% 的木屑)。

3) 吸尘设备的除尘和吸收装置应按照《粉尘爆炸危险场所用收尘器防爆导则》(GB/T 17919—2008) 的规定设置防止粉尘爆炸的安全措施。

2. 木工机械的特殊安全要求

《木工机械　安全使用要求》(AQ 7005—2008) 对木工机械提出

了特殊的安全要求。

(1) 木工圆锯机

1) 木工圆锯机上的旋转圆锯片应设置防护罩。

2) 因特殊原因，锯片不能设置防护罩时，应在锯片前上方设置安全挡板（或挡帘），或者采取保证操作者安全的其他防护措施。

3) 吊截圆锯机、万能摇臂圆锯机应设置能罩住锯片上部和锯轴端部的防护装置，并应能控制锯屑不往操作者方向排出，锯片下部暴露部分不应大于加工件厚度 10 mm。在可能情况下，该防护装置应能随加工件厚度的变化而自动调整。

4) 具有纵剖功能的手动进料圆锯机应设置分料刀。自动进料圆锯机应设置止逆器、压料装置和侧向防护挡板。

5) 具有横截功能的圆锯机应设置压紧或夹持工件的装置和限制锯片移动的装置，锯片向操作人员一边移动时，不得超出工作台范围。圆锯机应保证能使锯片强制回位，并稳定在原始位置上。

6) 自动进给纵剖木工圆锯机的开启锯轴和锯片部分的防护罩应与机器启动联锁。

7) 木工圆锯机应按规定设置分料刀和止逆器。

8) 机器必须设有急停操纵装置。

(2) 木工带锯机及锯条

1) 木工带锯机的锯轮和锯条应设置防护罩。机器上锯轮处于最高位置时，其上端与防护罩内衬之间的间隙不小于 100 mm。锯条的防护罩要能同锯卡一起升降，除锯卡与工作台之间的锯条部分外，锯条的其余部分都应封闭。

2）机器上锯轮机动升降操纵机构应与锯机启动操纵机构联锁。

3）机器下锯轮上应设置制动装置，制动持续时间不得超过 25 s。

4）机器上应设置清除黏着在锯轮和带锯条上的锯屑、树脂等黏着物的装置。

5）带锯条的厚度应根据带轮的直径规格来选择，不应小轮径选用大厚度的锯条。

6）带锯条接头焊接应牢固平整，焊接接头不得超过 3 个，接头与接头之间的长度应为总长的 1/5 以上。接头厚度应与锯条厚度基本保持一致。锯条接头对接时，接缝应在齿距中央。锯条接头搭接时搭接宽度应视锯条的宽度和厚度而定，一般为 9 ~ 11 mm。

7）机器必须设有急停操纵装置。

（3）木工车床

1）利用顶尖带动棒料的木工车床应在棒料上方设置活动式防护罩，防护罩应为透明材料制成。

2）无小刀架的木工车床应装有长直线导板，不允许车刀悬空作业。

3）圆棒机的切削头及棒料坯都应设置防护罩及挡板。

4）端面木工车床的回转盘应有牢固的锁紧装置。

5）机器必须设置急停操纵装置。

（4）木工磨光机。盘式、筒式木工磨光机除盘、筒的工作部分外，其余部分（包括其他旋转件）应设置防护装置完全罩住。盘、筒与工作台的边缘之间应保持最小的距离。

3. 工艺过程的要求

（1）原木、锯材以及成品的运输、储存和操作均应实现机械化，尚未实现机械化的生产过程，必须采取一定的保护措施。

(2) 在木工机床的危险部位如外露的带盘、转盘、转轴等，都必须加设安全可靠的封闭型防护罩，在旋转件的防护罩上应有单向转动的标志。

(3) 加工木材过程中，凡有条件的地方，对所有的木工机械均应安装自动进给装置。条件不许可也应使用各种类型的安全夹具等，操作者不应用手直接推木料。在搬运原木和锯材时，也应使用专用工具，如吊钩等，操作者的双手不应和木材直接接触。

(4) 木工机床上应有刀轴定位的止动机构，或刀轴和电气装置的联锁装置，以供装拆刀具时使用。避免装拆和更换刀具时，误触电源按钮而使刀具旋转，造成伤害。

(5) 各种木工机械均应设置有效的制动装置、安全防护装置，在切断电源后，制动装置应保证刀轴在规定的时间内停止转动。例如，刨床宽度大于等于300 mm时，制动停止时间应不超过10 s；刨床宽度小于300 mm时，制动停止时间应不超过5 s。

(6) 木工机床必须设有吸尘装置和排屑通道，并保证作业场所的粉尘浓度不超过10 mg/m^3。吸尘装置应能保证在连续工作8 h后，防护装置不因木屑、粉尘的堆积而失灵。排屑通道要保持畅通。吸尘口，排屑通道与电气元件的安装处不得有通孔，以防电气元件失灵或起火。

(7) 木工机床使用的动力源为非封闭式的电动机时，在电动机上必须加装防火、防尘隔离罩。

(8) 锯末和粉尘的料斗、通风系统中的管道和旋风分离器等应该和木工机床一样，进行防静电的接地处理。

(9) 木工机械设备在使用过程中，必须保证在任何切削速度下使用任何刀具时都不会产生有危险性的振动，装在刀轴和心轴上的轴承高速转动，其轴向游隙不应过大，以免操作时发生危险。

4. 作业场所的要求

(1) 凡使用有毒的、刺激性的以及易燃物质的工艺过程应放在单独的厂房中或安放在厂房内专门隔出的地段上，并配备个人防护用品和消防器材。

(2) 车间里运送原木、锯材、备料的通道应设置消除穿堂风的设施，如走廊、门庭、门帘、帘幕等，以及防止火灾蔓延的设施，如自动防火门、防火防烟挡板、水幕等。

(3) 在车间内需要安全到达设备上方的工作岗位时，应安装带防护杆和楼梯的天桥。厂房地面和天桥通道应铺设防滑地面。

(4) 常用的人行通道上不应有设备和管线，其宽度不小于1 m。

(5) 地面以下的传送带要用盖板或栅格状防护板盖上。金属盖板表面应防滑。栅格防护板的缝隙宽度不超过30 mm。

(6) 锯末和废料储槽应安放在厂房外。

(7) 凡噪声级超过国家标准规定时，应在建筑、布局上采取降噪措施。

1) 高度达6 m的大厂房内应安装吸声的天花板（矿渣棉吸声板）。又高又长的厂房，如宽度小于高度，则两旁墙上也应安装吸声板。

2) 厂房高度超过6 m时，在靠近木工机床的上方安装吸声的吊顶天花板。

3) 如果厂房内所装木工机床的噪声级很高，而又允许进行远距离操作时，操作人员可在隔声室内工作。

4）根据木工机床的不同噪声强度，适当布置各个设备，也能达到降低噪声级的目的。噪声最大的设备如刨床、圆锯、带锯应与其他设备分开布置。在空转条件下，机床的噪声最大声压级不得超过90 dB（A）。

（8）厂房内使用电介质加热炉的木材干燥工段，其高频辐射电磁场应符合有关规定。

（9）厂房内凡对工人有危险的地段，应设安全标志。

（10）工作岗位、通道不应被坯料、成品和废料阻塞。应在车间内划出专门的场地或在地面上用颜色标出范围存放上述材料。

（11）木工机械应配备局部通风和粉尘接收器，抽风装置应安装在易于维修的地方。

1）工作时会产生大量木屑的机床，应设置有效的排屑门。

2）配有单独吸尘装置的机床，工作时在操作者周围的粉尘浓度值应小于10 mg/m。

3）工作区产生的粉尘浓度超过10 mg/m的机床，必须设置合理有效的吸尘罩或吸尘口，并在机床说明书中说明风压、风量参数的要求，以确保机床工作区的粉尘符合规定。

4）吸尘罩的设计和制造应考虑防火、防爆，若具有吸尘和防护刀具的双重作用，还应符合安全防护装置的有关规定。

5）若因结构和工艺原因不能满足设置排屑口、吸尘罩或吸尘口的规定时，则应在机床说明书中说明木屑和粉尘的排除方法。

（12）采取有效措施，降低机床的振动，使其符合相关标准的要求。

第四节 铸造机械安全技术

一、铸造工艺及特点

铸造是把高温熔化的液态金属浇注、压射或吸入铸型型腔中，待其凝固后得到具有一定形状和性能要求的金属铸件的一种制造方法。铸造生产属于热加工，其生产过程包括混砂、造型、熔化、浇注和清理等几个环节。铸造生产过程中涉及的机械有混砂机、造型机、冲天炉、电弧炉等。

现有的铸造方法可分为砂型铸造和特种铸造，其中砂型铸造生产的铸件占铸件总产量的90%以上。砂型铸造的生产过程包括造型材料准备、造型、制芯、熔化、浇注、落砂和清理等。

从安全和劳动保护的角度分析，铸造生产有以下特点：工序多，起重运输工作量大，生产过程中会散发出各种有害粉尘、气体、烟雾，有一些环节还产生噪声和高温等。由此可见，铸造生产的作业环境和劳动条件是十分恶劣的。

二、铸造中的危险和有害因素

铸造加工的工序多、劳动量大、物料多、作业环境恶劣，在各个阶段都可能存在危险和有害因素。一旦发生事故，后果比较严重。铸造作业中存在的危险有害因素如下：

1. 火灾、爆炸

在铸造生产的熔炼、浇注和气割等工序中，由于存在明火，很容易产生易燃物质火灾和爆炸危险。

2. 高温

铸造生产的熔化、浇注、落砂工序常散发出大量的热量，在夏天使车间内的温度经常达到40℃或更高，使操作者有高温中暑的危险。

3. 机械伤害

铸造车间使用的各种机械比较多，其传动机构都是危险部位。另外，铸造车间的物料运输量大、使用的起重运输设备多、运输路线复杂，往往是多层交叉运行，因此在运输过程中容易发生机械伤害和物体打击事故。

4. 烫伤危险

在熔炼、混铸、热处理过程中，除有热辐射危险之外，如果人体直接接触高温设备，还可能造成人员烫伤事故。

5. 粉尘

铸造生产过程中，从型砂配制到造型，从芯砂配制到制芯，再到金属熔炼、合箱浇注、落砂清理、表面清理等都会产生粉尘，其中主要是二氧化硅（SiO_2）粉尘，另外还含有金属蒸气冷凝后的金属微尘和其他颗粒。在合金钢和非铁金属熔炼时，作业环境中还会有凝聚气溶胶产生，其中镁、锌、钒、镍和其他许多金属氧化物及其化合物都是剧毒物质。

6. 有害气体、振动与噪声

有害气体的主要有害因素是一氧化碳（CO），其释放源主要是熔铁炉和其他熔炼设备、冷却过程中的浇铸模、烘干炉、铸模表面干燥机等。另外，有许多产生强烈振动的机械，主要包括落砂床、气动铸造成型机、离心机和其他有机械冲击作用的机械，这些机械的振动往往还会引起地板和其他建筑构件的振动。产生局部振动的机械主要有气动气锤、压桩机和其他机械。此外，铸造车间中的许多设备都会产生较强的噪声，尤其是造型、落砂、清理、修整等工序更为严重。

三、铸造作业的环境要求

合理布置工作场所、创造良好的工作环境是安全、优质、高效生产的必要条件。杂乱的环境将会增加事故发生的概率。良好的铸造车间作业环境应是工作场地布置合理、空气清新、照明充足、通道畅通等。

1. 工作场地布置

工作场地的布置应使人流和物流合理，留有足够的通道，并保证畅通，通道要平整、不打滑、无积水、无障碍物。

2. 材料存放

铸造车间往往存放相当多的材料，因此要配备装材料的专用料斗和废料斗，以保持工作场所整洁有序。各种材料的存放应符合安全要求，防止倒塌。

3. 通风

室内工作区域应有良好的自然通风。在生产过程中产生的对身体有害的烟气、蒸气、其他气体或灰尘，如果依靠空气的自然循环不能带走，则必须装设通风机、风扇或其他有足够通风能力的设备，并应注意对设备进行维护和保养。

4. 照明

铸造车间的照明应符合《建筑照明设计标准》（GB 50034—2013）的要求。但由于作业性质和所使用的吊灯往往都高于桥式吊车，因此，铸造车间很难达到良好的照明，只能采用安全电压的局部照明。

四、工艺操作安全要求

1. 混砂机的操作安全要求

目前使用的混砂机主要是碾轮式混砂机，操作碾轮式混砂机可能发生的危险是操作者在混砂机运转时试图伸手取出砂样或铲出砂子，结果往往造成手被打伤或被拖进混砂机。

为避免上述危险发生，混砂机一般要装下列防护装置：

（1）在混砂机的加料口装设筛网加以封闭。

（2）装设卸料口，并在其上装设联锁装置，使其敞口时混砂机不能开动。

（3）取砂样要用专设的取样器。

（4）当检修混砂机时，为防止电动机突然开动造成事故，在混砂机罩壳检修门上装联锁开关，当门打开时，混砂机主电源便被切断。有时也可将混砂机开关闸箱锁上，检修混砂机时，由维修者携带钥匙。

2. 砂箱的操作安全要求

（1）砂箱尺寸选择要保证铸型有足够的吃砂量，防止浇注时金属液体喷射。

（2）箱壁、箱带应有足够的厚度，以保证砂箱强度和刚度。箱带间距应合理，保证既能在运输、翻转和合箱时不脱落铸型，又能方便造型和落砂。

（3）箱轴和把手可以与箱壁本体同时铸出，也可用圆钢铸入。箱轴、把手应平直，其端部应制出凸缘，使运输、翻转时不致滑脱。

（4）平时应加强检查，发现箱壁、箱带开裂，箱带间距过大，箱轴、把手弯曲不平等，使用前均应修正。未经修复或无法修复的砂箱，切不可使用，否则会酿成大祸。

3. 吊运和翻转大砂箱、大铸型应注意的安全事项

(1) 吊运和翻转大砂箱、大铸型时，为保证砂箱、铸型不会脱落而造成事故，在采用横梁—吊环（或钢丝绳、链条）附件时，要使两边的吊环或钢丝绳保持平行。

(2) 为保证安全和省力，在翻转大砂箱、大铸型时，应使用手动杠杆、滑轮、动力箱和起重机作为翻转动力。

(3) 翻转大的砂箱、铸型时，操作人员严禁站在吊起的砂箱、铸型的上面、下面或正面，也不允许在吊起的铸型或型芯下面修型。

(4) 合箱时严禁将手或头伸、探到砂箱中修理、观察，以免砂箱落下伤人。

(5) 砂箱耳轴的端法兰应不小于耳轴直径的两倍，以减少吊钩滑出或跳离的危险。

(6) 耳轴用螺钉安装在砂箱上时，螺母必须在砂箱内侧，否则，吊索很可能挂在它上面，猛一拉就会滑掉，使吊索和耳轴遭受严重损伤。

(7) 单独的耳轴铸件必须是钢件，耳轴的安全系数应不小于其许用安全系数，固定耳轴的螺钉也要有足够的强度。

4. 烘干过程中应注意的安全事项

在砂型（芯）烘干过程中，为了避免事故发生，应做好以下工作：

(1) 在装卸炉时，要有专人负责指挥，在装卸砂型（芯）时应均衡装卸，以免引起翻车。

（2）在装炉时，应确保装车平稳，砂箱装叠应下大上小，依次排列。上下砂箱之间四角应用铁片塞好，防止倾斜和晃动。

（3）起吊砂型（芯）时应注意起吊质量，不得超过行车负荷，每次起吊的砂型要求规格大小统一，不能大小混在一起起吊。

（4）炉门附近禁止堆放易燃物、易爆品。

（5）炉门附近及轨道周围严禁堆放障碍物，以保证行车工进出畅通。

（6）在加煤或扒渣时应戴好防热面罩，以防火焰及热气灼伤脸部。

（7）烘炉操作采用人工加煤时，应少加勤加，使燃料层薄且均匀，以充分燃烧。避免因燃烧不充分而浓烟外溢，造成环境污染。

5. 冲天炉熔炼作业中应注意的安全事项

冲天炉是应用最广泛的熔炼铸铁的熔炉，其主要操作过程为修炉、生火、装料、送风、出铁、出渣、打炉等。冲天炉熔炼作业中要注意如下安全问题：

（1）在冲天炉加料台上要防止煤气中毒和防止意外掉进冲天炉。

（2）冲天炉在熔化过程中产生的一氧化碳（CO）占炉气的5%～21%，如进入风箱和风管就有爆炸的危险，因此，在关掉风机后要立即打开所有风口。

（3）手工堵塞出铁口时，要两人轮流连续堵塞，以确保堵住。

（4）冲天炉应按规定的时间出渣，不可使渣溢至风口，以免发生事故。

（5）打炉前应检查炉底下面及附近地面是否有水，如有水应立即用干砂铺垫后方可打炉；打炉前停风后要打开风口，并放尽钢液及炉渣；打炉前还必须与有关方面联络好，并发出人员离开信号，当所有的人都离开危险区后再行打炉；打炉后必须迅速将红热的铁、焦炭取出，不准用水喷灭，以免产生煤气退回冲天炉而引起炉膛爆炸。

如果炉底门打不开或炉内有剩余炉料、棚料，这时不允许工人进入危险区强制打开炉底门或解除棚料。剩余棚料可用鼓风产生的振动来解除，也可将机械振动器贴在炉底上以产生振动的方式来解除，另外，还可从加料口投入重铁球将剩余棚料砸碎解除。如果使用这些方法都无法清除剩余棚料，则必须用切割枪对炉底进行火焰切割，但这只能在冲天炉冷却到安全温度后进行。

(6) 打炉后不准用喷水法对炉衬施行强制冷却。

(7) 对停炉更换炉衬的冲天炉，要检查炉壳和焊缝（或铆钉）是否有裂纹而需要补强。

6. 电弧炉炼钢时应注意的安全事项

(1) 加料时的安全事项。加料时人应尽量站在侧面，不能站在炉门及出钢槽的正前方，以防加料时被溅出的钢渣烫伤。炉料全熔后，不得再加入湿料，以防爆炸。炉料中也不得混有爆炸物，以免造成爆炸事故。要防止碰断电极。还原期加碳粉、硅粉、硅钙粉或铝粉时，人不要太靠近炉体，以免被从炉门口向外喷出的火焰伤到；加矿石时要慢，以防造成突然的剧烈沸腾，从而向炉门外喷渣、喷钢；加料时不得开动操作台平车。

冶炼中途用天车从炉盖加料孔加渣料时应注意：加渣料时若有可能碰到电极，则应停止配电，切断电源；加入渣料后炉门口易有大量火焰喷出，炉前人员须注意避开。

(2) 供电安全事项。在供电时人体要避免直接接触供电线路；要严格遵守操作安全规程；在炉前取样、搅拌时，由于电炉的炉壳接地，只要工具不离开架在炉门框上的铁棒，人体就不会受到电击。此外，炉前操作人员要和配电工密切配合，切实执行停送电制度，避免误操作。

接电极时应注意：切断电源，把炉体摇平；接头铁螺钉必须拧牢，确保电极不会掉落时才能起吊；操作人员拧接电极时要相互联系，协同动作；防止手套或工作服被设备挂住。

(3) 吹氧熔炼安全事项。采用吹氧助熔和吹氧氧化时，应经常检查供氧系统是否漏气；吹氧管要长些，以防回火发生烧伤事故；吹氧时，先将氧气阀门开小些，确定吹氧管畅通后再开大，吹氧压力不能太大，否则飞溅严重；吹氧管不可贴近金属液，以免喷溅严重，更不能用吹氧管捅料，否则易将吹氧管堵死，造成回火，发生事故；停止吹氧时应先关闭氧气，然后再把吹氧管从炉内取出；如发生氧气管回火，应立即关闭阀门，停止供氧；如漏气严重，则可将橡皮管对折，以彻底切断供氧。

(4) 出钢时的安全操作。在开启出钢口时，应摇平电炉或倾斜至合适位置；操作人员后面不要站人，以防误伤；出炉前应尽量避免加碳粉等脱氧剂，以防火焰突然从出钢口喷出烫伤人；新炉子因沥青尚未完全焦化，因此打开出钢口时要防止喷火伤人。

在摇动炉体前应先检查炉体左右两处的开关是否关好，还要检查机械传动部分是否有人在检修或维护。摇动炉体时，要检查出钢槽的平板是否与出钢槽相碰，炉前平板车是否和炉体相碰，摇动时要缓慢，以免钢液流出，并防止烫伤。

(5) 防止水冷系统漏水。必须使用质量好，并经水压检验合格的电极水冷圈；电极下降时，应注意不要使电极夹头与水冷圈相碰；水压不能太低，水流不能过小。

(6) 电炉的前后炉坑和两旁机械坑都必须确保干燥，否则在跑钢或漏钢时会引起爆炸；炉坑和机械坑有电源的地方要定期检查，防止漏电。

(7) 防止电炉漏钢。措施有：补炉时要将炉补好，造渣时防止炉渣过稀，供电时防止后期用大电压，脱碳时防止钢液剧烈沸腾等。发生漏钢后，首先要冷静迅速地判断情况，然后根据漏钢的部位做出相应处理。

第五节 锻造机械安全技术

一、锻造工艺及特点

锻造是在高温条件下，通过锻造设备对高温金属施加冲击力或静压力，使金属坯料在工具或模具中产生塑性变形，从而获得具有一定形状、尺寸和组织结构的锻件的加工方法。

锻造作业使用的主要设备有锻锤、压力机（水压机或曲柄压力机）、加热炉等。从事锻造工作的生产工人经常处在振动、噪声、高温烟尘，以及料头、飞边堆放等不利的工作环境中，因此，应特别注意工作环境的安全卫生。

为保证锻造生产和劳动者的安全与健康，除要求工作人员精力集中外，还必须制定必要而严格的安全生产规章制度和操作规程，同时，要采取切实有效的措施改善劳动条件。

二、锻造中的危险和有害因素

锻造生产中容易发生火灾、烧伤、烫伤、触电及机械损伤，或由机器、工具、工件直接造成刮伤、碰伤、砸伤、击伤等事故，而且一旦发生，后果可能非常严重。

1. 火灾

在锻造生产过程中，由于高温钢渣飞溅容易引起火灾，气体燃料、汽油与其他润滑剂等使用不当也会引发火灾。

2. 烧伤、烫伤、中暑

锻造车间的加热设备、炽热的锻坯与锻件均易造成人员灼伤，并使车间温度升高，特别是在炎热的夏季，操作者易因出汗过多而虚脱和中暑。

3. 噪声、振动

锻锤、机械压力机在工作中振动大、噪声大，操作者在高强度的噪声中工作，容易引起疲劳和耳聋。另外，体力劳动强度大，如锻坯加热中的进出炉工作，自由锻过程中锻坯的翻转、移动等，也易造成操作者疲劳。

4. 物体打击

操作者操作不当或锻造过程中模具、工具突然破裂，锻件、料头等飞出，均会造成人身被击伤或烧伤。

5. 砸伤、碰伤、摔伤

工作场所布置混乱最易导致事故发生，如设备之间的距离、安放位置，设备附件、锻模、锻件及原材料的堆放，工序间的运输方式，车间内各种通道尺寸与畅通情况等选择不当，均会造成砸伤、碰伤、摔伤等事故。

6. 触电

由于锻造过程需要使用很多带电的设备，如果这些设备接地不良，很容易造成触电事故。

三、锻造作业的环境要求

锻造生产现场的卫生条件十分重要，且要注意通风、透光。

通常，通风方式有自然通风和机械通风两种。自然通风主要是利用车间内外空气密度的不同和风力两个因素来进行的，室外的冷空气较室内空气密度大，从厂房下部、窗、门等处流入，热空气密度小，被冷空气从天窗挤出；另外，风从厂房外边流过时，起到调节室内空气的作用。除了要经常进行自然通风外，锻造车间还要进行机械通风，主要是采用工业排风扇，使锻造车间的温度低于30℃。而生产现场在冬季则要注意保温，冬季工作区的温度要保持在12～15℃，非生产时间应不低于5℃。

高温季节，要采取相应的防暑降温措施。

在照明上也要采取自然透光和人工照明相结合的方式，如开天窗和门窗。人工照明主要是依靠一般用灯和局部照明用灯。布置光源要符合工业有关照明规定，使生产现场无暗淡光区域，对于移动式电灯要采用工业安全电压（即低于36 V），不准使用没有装反射器或罩子的电灯。

车间内的设备间距应根据设备类型、动力大小、锻件尺寸、工序间的运输方式等因素确定。锻造设备的布置应考虑尽量减少坯料或锻件的往返交叉运输，采用顺跨度轴线方向双排布置时，应尽量考虑使锻件或料头飞出的主要方向对着车间侧墙，若确有困难，应设置挡板，以避免伤人。

车间内应留有设备附件、锻模、锻件、原材料等的存放地，对易滚落的圆坯料或锻件，尽可能放在V形箱槽中，堆放高度一般不应超过1 m。

四、工艺操作安全要求

1. 锻工应遵守的一般安全守则

（1）锻工开始工作前，要穿好工作服、隔热胶底鞋或皮底鞋，工作服应当能很好地遮蔽身体，光滑、平整，没有开襟、口袋或皱褶，上衣下摆应长至裤腰处，不可把上衣下摆塞到裤子里、把裤管塞到鞋靴里。

（2）在工作岗位上，要做好交接班工作，明确生产任务，清理生产现场，检查所用工具、模具等是否牢固、良好、完备齐全、摆放整齐、便于使用。

（3）在工作前和工作过程中，要随时注意检查设备、工具、模具等，尤其是检查受冲击部位是否有损伤、松动、裂纹等事故隐患，发现问题，一定要及时检修，严禁设备带故障运行，以及使用带缺损的工具、模具。

（4）在传送锻件时不得随意投掷，以防烫伤、砸伤。大的锻件或大型坯料必须用钳夹住，由吊车传送。锻件不得放在人行通道上，以保持道路的通畅。锻件要堆放在适合吊运且安全的指定地点，但绝不可堆得太高，一般堆放高度不应超过1 m，以免突然倒塌，砸伤、压伤人。和生产无关的工具、毛坯、锻件、料头、模具等，不要放在锻锤等设备周围，以免影响操作工人正常工作。易燃、易爆物品更不得放在加热炉和锻锤周围。

（5）操作工人不得在掌钳时，将钳柄顶在人体的肚子及其他部位，以免在打击锻件时，钳突然冲出，危及人的身体。一般情况下，应让钳柄处于人体左侧，且不要把钳口放在锤头行程的下面，掌钳时不要把手指放在两钳柄之间，以防钳口迸裂，钳柄突然相互撞击，挤伤处于其间的手指。

（6）不得直接锻打冷料和过烧坯料，以防脆性太大而飞裂伤人；不得用手或脚去清除砧面上的氧化皮、料头等，工作结束时，要及时关闭动力开关（电门、气门、油门等），将锤头放到固定位置，使其平稳，将工具、模具、材料、锻件等放到各自的指定位置，清理好工作场地。

（7）认真做好交接班工作，并将有关表格填写清楚。交接班时，将本班生产情况，如设备的运转及安全状况，工具、模具有无损伤等及其他注意事项交代清楚。

（8）注意电气安全，不准擅自进行电气修理或擅自改线。电线损坏时，应及时找电工修理。不是本岗位责任以内的电气设备，不准私自操作。

2. 锻造中使用火焰加热炉时应注意的安全事项

各种火焰加热炉在工作时，不仅是高温热辐射的主要来源，而且排出的烟尘和废气会污染环境，因此操作时应注意如下要求：

（1）新砌成或大修后的炉子，在使用前必须经过烘烤和加热，使炉壁中的水分缓慢蒸发掉。烘烤时要严格控制升温速度，不可太快，以免炉体开裂，影响使用寿命。烟囱和烟道也要一并烘烤。

（2）固体燃料炉一般用木材引火，然后逐渐升温，使用时要及时添煤和清渣，每次停炉时均应将燃烧室的灰渣清除干净。煤气或重油加热炉点火前必须打开炉门及烟道闸门，用鼓风机吹出残留在炉中的废气，点火时要用长柄点火物，先缓慢开启煤气或重油阀门，后开启空气阀门，严禁在点火物还没有伸到点火孔之前就开启煤气或重油阀门，以免发生爆炸。操作者要注意避开点火孔，无关人员也应离开炉门处。喷嘴须由上而下、由里而外地逐个点燃和调节，以防火焰喷出烧伤人。若未点着火或点火后又突然熄灭，应立即关闭煤气或重油阀门及空气阀门，待查明原因，消除故障后重新点火。

（3）加热过程中，对固体燃料炉要随时观察燃料的燃烧情况，切实保证燃料均匀、完全燃烧，避免产生烟雾。煤气或重油加热炉在使用过程中要随时检查煤气压力、油压与油温，以及鼓风机或抽烟机的运转情况，如发现煤气压力、油压过低，空气突然停止供应或发生回火现象，均应迅速关闭气阀和油阀，并认真查明原因。

（4）在煤气设备、煤气管路或重油管路上检查试漏时，严禁使用明火，可用肥皂水试漏。

（5）一般燃油、燃气的锻造加热炉，其油、气燃烧产物多和加热坯料处在同一面上循环，为避免喷嘴的火焰与加热坯料相接触，喷嘴的安装高度要比坯料高出 250 mm。

（6）自动控温仪表应安放在少尘、防振、环境温度在 0～60℃的地方。

3. 锻造中使用电加热炉时应注意的安全事项

（1）使用前必须对炉子的安全接地线、电热体、炉壁和炉底等进行全面检查，发现问题，及时解决。

（2）操作时注意防止工具、坯料碰坏耐火砖和电热体，并应使用套有绝缘胶管手柄的工具，站立在胶皮垫子上，以免发生触电事故。

(3) 装料和取料（锻造操作中钩料除外）时必须关闭电源，坯料与发热元件应保持一定距离。

(4) 应经常检查控温仪表及控制盘，以免因“跑温”而烧坏电热体。当炉温或功率不符合要求时，应与有关人员联系，不得擅自调整和修理。

(5) 炉子停止使用时，应关闭炉门，禁止使用冷空气降低炉温，以延长加热元件的使用寿命。

(6) 正确穿戴好劳动防护用品，以减少高温辐射造成的伤害。

4. 操作自由锻锤应注意的安全事项

(1) 锻锤启动前应仔细检查各紧固连接部分的螺栓、螺母、销子等有无松动或断裂，砧块、锤头、锤杆、斜楔等的结合情况以及是否有裂纹，发现问题，及时解决，并检查润滑给油情况。

(2) 空气锤的操纵手柄应放在空行程位置，并将定位销插入，然后才能开动，开动后要先空转3 ~5 min。蒸汽—空气自由锻锤在开动前应先排除汽缸内的冷凝水，工作前还要把排气阀全部打开，再将进气阀稍微打开，让蒸汽通过气管系统，待排气阀预热后再把进气阀缓慢地打开，并使活塞上下空走几次。

(3) 冬季要对锤杆、锤头和砧块进行预热，预热温度为100 ~150℃。

(4) 锻锤开动后，要集中精力，按照掌钳工的指令和规定的要求操作，并随时注意观察。如发现不规则噪声或缸盖漏气等不正常现象，应立即停机检查。

(5) 操作中避免偏心锻造、空击或重击温度较低、较薄的坯料，并随时清除下砧上的氧化皮，以免溅出伤人或损坏砧面。

（6）使用脚踏操纵机构的，在测量工件尺寸或更换工具时，操作者应将脚离开脚踏板，以防误踏。

（7）工作完毕，应平稳放下锤头，关闭进、排气阀和电源，做好交接班工作。

5．操作模锻锤应注意的安全事项

（1）工作前检查各部分螺钉、销子等紧固件，发现松动及时拧紧。在拧紧密封压紧盖的各个螺钉时，用力应均匀，防止偏斜。

（2）锻模、锤头及锤杆下部要预热，尤其是冬季，不允许锻打低于终锻温度的锻件，严禁锻打冷料或空击模具。

（3）工作前要先提起锤头进行溜锤，判断操纵系统是否正常。如操作不灵活或连击，不易控制，应及时维修。

（4）在操作时，应注意检查模座的位置，发现偏斜应予以纠正，严禁将手伸入锤头下方取放锻件，也不得用手清除模膛内的氧化皮等物。

（5）锻锤开动前、工作完毕或操作者暂时离开操作岗位时，应把锤头降到最低位置，并关闭蒸汽。打开进气阀后，不准操作者离开操作岗位。

（6）检查设备或锻件时，应先停车，将气门关闭，采用专门的垫块支撑锤头，并锁住启动手柄。

（7）装卸模具时不得猛击、振动，上模楔铁靠近操作者一方不得露出锤头燕尾100 mm以上，以防锻打时折断伤人。

（8）工作中要始终保持工作场地整洁。工作结束后，在下模上放入平整垫铁，缓慢落下锤头，使上下模之间保持一定的空间，以便烘烤模具。

(9) 同一台设备的操作者必须相互配合一致，听从统一指挥。

(10) 做好交接班工作。

第六节 焊接机械安全技术

一、焊接工艺及特点

焊接是通过加热、加压、填充金属等手段，使两个或多个工件产生原子间结合以实现永久性连接的加工工艺和连接方式。焊接工艺既可用于金属，也可用于非金属。焊接广泛用于船舶、锅炉、车辆、建筑、化工、冶金、矿山、机械、石油和国防工业等生产部门。

焊接方法有几十种，一般可归纳为以下三大类：

1. 熔焊

熔焊是利用某种热源将焊件的连接处加热到熔化状态并加入填充金属，然后在自由状态下冷凝结晶，使之焊合在一起。气焊、电弧焊、电渣焊等均属此类。

2. 压力焊

压力焊是对焊件施加一定的压力，使接合面相互紧密接触并产生一定的塑性变形，以使焊件结合在一起。压力焊有加热与不加热之分，加热者如接触焊（又名电阻焊）、锻接、摩擦焊等，不加热者如冷压焊等。

3. 钎焊

钎焊是将熔点低于焊件的焊料合金（称钎料）放在焊件的接合处，与焊件一起加热至钎料熔化并渗透填充到连接的缝隙中，通过熔化的钎料润湿未熔化的焊件表面并与母材相互扩散，从而使焊件凝结在一起。

二、焊接中的危险和有害因素

1. 火灾、爆炸

在焊接过程中，焊工要经常接触易燃易爆气体、压力容器，很容易在焊接现场引起火灾和爆炸。另外，焊接过程中用到的氧气、乙炔等气体，是助燃和易燃物质，如遇明火，也容易引发火灾和爆炸。

2. 触电

在焊接过程中，电焊机的软线长期在地上拖拉，致使绝缘可能损坏破裂，容易发生触电事故。

3. 烫伤

焊接过程中，火花四溅，如果防护用品穿戴不当，则会发生烫伤事故。

4. 弧光导致的眼病

在焊接过程中，如果未戴焊接眼镜、面罩或佩戴不当，焊接弧光的紫外线、红外线、可见光过度照射会导致眼睛患急性角膜炎，称为电光性眼炎，严重时能导致失明。

5. 粉尘

在焊接过程中会产生粉尘和有毒有害气体，直接影响着焊工的身体健康。

三、工艺操作安全要求

1. 焊炬和割炬使用时要注意的安全事项

焊炬又称焊枪，是利用氧气和中低压乙炔作为热源，焊接或预热钢铁材料或非铁金属工件的工具。焊炬是气焊操作的主要工具。焊炬的作用是将可燃气体和氧气按一定比例均匀地混合，以一定的速度从焊嘴喷出，形成一定能量、一定成分、适合焊接要求和稳定燃烧的火焰。割炬又名割刀、切割器，其作用是使氧与乙炔按比例进行混合，形成预热火焰，并将高压纯氧喷射到被切割的工件上，使被切割金属在氧射流中燃烧，氧射流将燃烧生成的熔渣（氧化物）吹走而形成割缝。

在使用焊炬和割炬前，要注意下述安全事项：

(1) 按照工件厚薄，选用一定大小的焊炬、割炬。然后按焊炬、割炬的喷嘴大小，确定氧气和乙炔的压力和气流量。

(2) 喷嘴与金属板不能相碰。

(3) 喷嘴堵塞时，应将喷嘴拆下，用捅针从内向外捅开，禁止将喷头与平面摩擦来清除喷头堵塞物。

(4) 注意垫圈和各环节的阀门等是否漏气。

(5) 使用前应将胶管内的空气排除并检查焊炬的射吸性能是否正常，然后分别开启氧气和乙炔阀门，畅通后才能点火试焊。

(6) 焊炬、割炬的各部分不得沾污油脂。

(7) 如焊炬、割炬喷嘴的温度超过了400℃，应用水冷却。

(8) 点火时应先开乙炔阀门，点着后再开氧气阀门调节火焰。目的是放出乙炔—空气的混合气，便于点火和检查乙炔是否通畅。

(9) 乙炔阀门和氧气阀门如有漏气现象，应及时修理。

(10) 使用前，在乙炔管道上应装置岗位式回火防止器。

(11) 离开工作岗位时，禁止把燃着的焊炬放在操作台上。

(12) 交接班或停止焊接时，应关闭氧气和回火防止器的阀门。

(13) 胶管要专用，乙炔管和氧气管不能对调使用。胶管要有标记以便区别，乙炔胶管是黑色，氧气胶管耐压强度高，一般都是红色的。

(14) 发现胶管冻结时，应用温水或蒸汽解冻，禁止用火烤，更不允许用氧气去吹乙炔管道。

(15) 氧气、乙炔用的胶管不要随便乱放，管口不要贴住地面，以免泥土和杂质进入发生堵塞。

2. 如何防止在焊割作业中发生回火现象

所谓回火，是指可燃混合气体在焊炬、割炬内燃烧，并以很快的燃烧速度向可燃气体导管里蔓延扩散的一种现象，其结果可以引起气焊和气割设备燃烧、爆炸。

防止回火的主要原理是利用阻火装置将倒回的火焰和可燃气体隔开，使火焰不能进一步蔓延。

为防止回火，在操作过程中应做到：焊（割）炬不要过分接近熔融金属，焊（割）嘴不能过热，焊（割）嘴不能被金属熔渣等杂物堵塞，焊（割）炬阀门必须严密，以防氧气倒回乙炔管道，乙炔发生器阀门不能开得太小；如果发生回火，要立即关闭乙炔发生器和氧气阀门，并将胶管从乙炔发生器或乙炔气瓶上拔下；如乙炔气瓶内部已燃烧（白漆皮变黄、起泡），要用自来水冲浇，以降温灭火。

3. 气焊过程中发生事故时应采取的紧急措施

气焊过程中发生事故时应采取如下紧急措施：

(1) 当焊炬、割炬的混合室内发出“嗡嗡”声时，立即关闭焊炬、割炬上的乙炔—氧气阀门，稍停后，开启氧气阀门，将混合室（枪内）的烟灰吹掉，恢复正常后再使用。

(2) 乙炔胶管爆炸燃烧时，应立即关闭乙炔气瓶或乙炔发生器的总阀门或回火防止器上的输出阀门，切断乙炔的供给。

(3) 乙炔气瓶的减压器爆炸燃烧时，应立即关闭乙炔气瓶的总阀门。

(4) 氧气胶管燃烧爆炸时，应立即关紧氧气瓶总阀门，同时，把氧气胶管从氧气减压器上取下。

(5) 换电石时，发气室若发生着火爆炸事故，应采取如下处理方法：

中压乙炔发生器的发气室着火，应立即用二氧化碳灭火器灭火，或者将加料口盖紧以隔绝空气，这样火焰就会熄灭。

横向加料式乙炔发生器的发气室着火爆炸且把加料口对面或上方的卸压膜冲破时，最好用二氧化碳灭火器灭火。如不具备这种条件，则要尽量使电石与水脱离接触，以停止产气或把电石篮取出，使电石尽快脱离发气室，这样火焰很快就能熄灭。

(6) 加料时在发气室中发生的着火爆炸事故，常常是由于电石含磷过多遇水着火或者因电石篮碰撞等产生的火花引起的。

事故发生后应立即使电石与水脱离接触以停止产气。如果发气室已与大气连通，最好用二氧化碳灭火器灭火，然后再打开加料口压盖取出电石篮。无此类灭火器材又无法隔绝空气时，要等火熄灭或者火苗很小时，操作人员站在加料口的侧面慢慢地松动加料口压盖螺钉，随后再设法把电石篮取出。

(7) 当发现发气室的温度过高时，应立即使电石与水脱离接触以停止产气，并采取必要的措施使温度降下来，等温度降下来后才能打开加料口压盖；否则，空气从加料口进入遇高温就会发生燃烧爆炸事故。

(8) 如枪嘴堵塞又忘记关闭乙炔、氧气阀门，或因其他缘故使氧气倒流入乙炔胶管和发生器内时，都应立即关闭氧气阀门，并设法把乙炔胶管和乙炔发生器内的乙炔—氧气混合气体放净，然后才能点火；否则，会发生爆炸事故。

（9）浮桶式乙炔发生器，如因浮桶漏气等原因在漏气处着火时，严禁拔浮桶，也不要堵漏气处，一般的处理办法是将浮桶蹬倒。

4. 焊工应遵守的“十不焊、割”的规定

“十不焊、割”的规定是：

（1）焊工未经安全技术培训考试合格，领取操作资格证，不能焊、割。

（2）在重点要害部门和重要场所未采取措施，未经单位有关领导、车间、安全、保卫部门批准和办理动火证手续，不能焊、割。

（3）在容器内工作，没有12 V低压照明和通风不良及无人在场监护不能焊、割。

（4）未经领导同意，车间、部门擅自拿来的物件，在不了解其使用情况和构造的情况下，不能焊、割。

（5）盛装过易燃、易爆气体（固体）的容器或管道，未经用碱水等彻底清洗和处理消除火灾爆炸危险的，不能焊、割。

（6）用可燃材料做保温层或隔热、隔声设备，未采取切实可靠的安全措施，不能焊、割。

（7）有压力的管道或密闭容器，如高压气瓶、高压管道、带气锅炉等，不能焊、割。

（8）焊接场所附近有易燃物品，未清除或未采取安全措施，不能焊、割。

（9）在禁火区内（防爆车间、危险品仓库附近）未采取严格隔离等安全措施，不能焊、割。

（10）在一定距离内，有与焊、割明火操作相抵触的工种（如汽油擦洗、喷漆、灌装汽油等工种，这些工种作业时会排出大量易燃气体）作业时，不能焊、割。

第七节 起重机械安全技术

一、起重基本知识

起重作业是特种作业，广泛应用于冶金、矿山、交通、建筑、机械制造、电力、林业、渔业等领域。从大型钢铁联合企业到繁忙的港口、建筑工地、铁路枢纽、工矿企业，到处都有起重机在那里承担着成千上万吨的物料搬运和设备安装等任务。起重机械作业在现代生产过程中的地位，越来越显得重要。随着我国生产建设规模的不断扩大和机械化、自动化程度的不断提高，起重机械的使用会更为普遍。

由于起重机械比其他机械有着突出的特殊性，从保证安全出发，国家规定把它作为特种设备进行管理，要求合理选用、正确操作、科学维护。

据统计，起重作业发生的事故总数和伤亡人数在 9 种特种作业中都占第一位。有关部门在媒体上公布的 2002 年我国发生的 19 起特种设备重大事故中，起重事故有 11 起，所占比例高达 58%。起重事故往往是毁灭性的，给人民生命财产造成巨大损失，由此可见起重作业安全的重要性。历年来，我国针对起重作业陆续颁发了若干标准及规范，从宏观上对起重作业安全提出了要求。

二、起重机械的危险性及危险因素

1. 起重作业中的危险性

（1）操作过程复杂。起重机械通常都具有外形庞大的结构和比较复杂的机构，一般都能够进行起升、运行、变幅、回转等多种动作。此外，起重机构的零部件较多，如吊钩、钢丝绳等，且经常与作业人员直接接触，起重机司机准确操纵有较大的难度。

（2）吊运物料复杂。作为起重吊运作业对象的物料多种多样，有散粒的、成件的、液态的、金属或非金属的、有导磁或非导磁的、有零下冰冻低温或达摄氏千度以上高温的，以及易燃、易爆、剧毒等危险物品，因此，其吊运过程也十分复杂。

（3）作业环境复杂。起重吊运作业由司机、指挥、绑挂人员等多人配合协同作业；在它的作业范围内，还包含其他设备及作业人员，作业场所的限制也比较多，像高温、高压、易燃、易爆物体和输电线路等。这些都对起重设备及其工作人员的安全保障提出特殊要求。

由于对上述原因的忽略，起重伤害事故比较频繁。据统计，我国每年起重伤害事故的死亡人数，占整个工业企业因工死亡总人数的12%左右。

2. 起重作业中易发生的安全问题

（1）危险站位。在起重作业中，有些位置十分危险，如吊臂下、吊物下、被吊物起吊前区、导向滑轮钢丝绳三角区、斜拉的吊钩或导向滑轮受力方向等，如果处在这些位置上，一旦发生危险极不容易躲开。所以，起重作业人员的站位非常重要，不但自己要时刻注意，还需要互相提醒，以防不测。

（2）吊索具安全系数小。起重作业中，对吊索具安全系数理解错误，选用往往以不断为使用的依据，致使超重作业总是处在危险状态。

(3) 作业中缺乏预见因素。由于种种原因，如物件估重不准，切割不彻底，拽拉物多，拆除件受挤压增加荷重，连接部位未被发现强行起吊等，造成吊车、吊索具骤然增加荷重冲击而导致意外。

(4) 误操作。起重作业涉及面大，经常使用不同单位、不同类型的吊车。吊车日常操作习惯不同，性能不同，再加上指挥信号的差异影响，容易发生误操作等事故。

(5) 绑扎不牢。高空吊装拆除时对被吊物未采取“锁”的措施，而用“兜”的方法；对被吊物的尖锐棱角未采取“垫”的措施，成束材料垂直吊运捆绑不牢，致使被吊物空中一旦颤动、受到刮碰即失稳坠落或“抽签”。

(6) 滚筒缠绳不紧。大件吊装拆除，吊车或机动卷扬机滚筒上缠绕的钢绳排列较松，致使受大负荷的快绳勒进绳束，造成快绳剧烈抖动，极易失稳，结果经常出现继续作业危险、停又停不下来的尴尬局面。

综上所述，起重作业涉及作业设计，方案制定，机具选择，人员操作、经验和技巧，协作互保，多工种配合，环境特点及气候等方方面面的因素，因此，要做好起重作业中的安全工作，需要从管理人员到操作人员等各方面的高度重视，严格按科学规律办事。

3. 起重作业中的危险因素

(1) 起重机在运行中对人体造成的挤压或撞击。

(2) 起重机吊钩超载断裂，吊运时钢丝绳从吊钩中滑出。

(3) 吊运中重物坠落造成物体打击，重物从空中落到地面又反弹伤人。

(4) 钢丝绳或麻绳断裂造成重物下落；使用应报废的钢丝绳，使用吊具吊运超过额定起重量的重物等造成重物下落。

(5) 汽车起重机作业场所地面不平整、支撑不稳定、配重不平衡、重物超过额定起重量而造成起重机倾覆。

(6) 风力过大、违章作业造成起重机倾覆。

(7) 机械传动部分未加防护，造成机械伤害；违章在卷扬机钢丝绳上面通过，运动中的钢丝绳将人挤伤或绊倒。

(8) 载货升降机违章载人。

(9) 人站在起重臂下等危险区域。

(10) 电气设备漏电、保护装置失效、裸导线未加屏蔽等造成触电。

三、工艺操作安全要求

1. 安全操作的一般要求

(1) 起重机安全操作的基本要求

1) 起重作业人员班前、班中严禁饮酒。起重作业人员操作时必须精神饱满，精力集中，操作时不准吃东西、看书报、闲谈、打瞌睡、开玩笑等。

2) 起重作业人员接班时，应进行例行检查，发现装置和零部件不正常时，须在操作前排除。

3) 开车前，必须鸣铃或报警。操作中起重机接近人时，也应给予断续铃声或报警。

4) 操作应按指挥信号进行。对紧急停车信号，不论何人发出，都应立即执行。

5) 非起重机司机不准随便进入起重机司机室，检修人员得到起重机司机许可后，方可进入司机室。

6）确认起重机上及其周围无人时，才可以闭合主电源。当电源断路装置上加锁或有标牌时，应由有关人员开锁或除掉后才可以闭合主电源。

7）闭合主电源前，应使所有的控制器手柄置于“零位”。

8）起重机上有两人工作时，事先没有互相联系和通知，起重机司机不得擅自开动或离开起重机。

9）驾驶起重机应使用手柄操作，停止起重机时不要用安全装置关机，不许用人体其他部位去转动控制器，以防在异常工作时来不及采取紧急安全措施。

（2）起重机停止作业时的安全操作要求

1）起重机停止作业时，应将重物稳妥地放置于地面。

2）多人挂钩操作时，驾驶人员应服从预先确定的指挥人员的指挥；吊运中发生紧急情况时，任何人都可以发出停止作业的信号，驾驶人员应紧急停车。

3）起重机起吊重物时，一定要进行试吊，试吊高度 $H \leqslant 0.5$ m，经试吊发现无危险时方可进行起吊。

4）在任何情况下，吊运重物不准从人的上方通过，吊臂下方不得有人。

5）在吊运过程中，重物一般距离人头顶 0.5 m 以上，被吊物下方严禁站人，在旋转起重机工作地带，人员应站在起重机动臂旋转范围之外。

6）在轨道上露天作业的起重机，当工作结束时，应将起重机锚定住。

7）起重作业人员进行维护保养时，应切断主电源并挂上标志牌或加锁，如有未消除的故障应通知接班人员。

8）控制器应逐步开动，不要将控制器手柄从顺转位置直接猛转到反转位置，（特殊情况下例外），而应先将控制器转到“零位”，再转到反方向，否则吊起的重物容易晃动摇摆或因销子、轴等受力过大而发生事故。

9）起重机工作时不得进行检查和维修，不得在有载荷的情况下调整起升、变幅机构的制动器。

（3）起重机作业时的安全操作要求

1）起重机作业时，臂架、吊具、索具、辅具、缆风绳及重物等与输电线的最小距离必须符合有关规定。

2）自行式起重机，工作前应按使用说明书的要求平整停车场地，牢固可靠地打好支腿。

3）对无反接制动性能的起重机，除紧急情况外，不准利用打反车进行制动。

4）用两台或多台起重机吊运同一物体时，钢丝绳应保持垂直；各台起重机的升降、运行应保持同步；各台起重机所承受的载荷均不得超过各自的额定起重量；如达不到上述要求，应降低额定起重量至80%；细高件吊装时，每台起重机的额定起重量降至75%。

5）有主、副两套起升机构的起重机，主、副钩不应同时开动（对于设计允许同时使用的专用起重机除外）。

2．起重操作“十不吊”

（1）指挥信号不明或乱指挥不吊运。

（2）物体质量不清或超负荷不吊运。

(3) 斜拉物体不吊运。

(4) 被吊物上有人或有浮置物不吊运。

(5) 工作场地光线昏暗，无法看清场地、被吊物及指挥信号不吊运。

(6) 工件埋在地下不吊运。

(7) 工件捆绑、吊挂不牢不吊运。

(8) 重物棱角处与吊绳之间未加垫衬不吊运。

(9) 吊具、索具达到报废标准或安全装置失灵不吊运。

(10) 钢、铁液包过满不吊运。

第八节 电梯机械安全技术

一、电梯基本知识

1. 电梯的分类

电梯是指动力驱动，利用沿刚性导轨运行的箱体或者沿固定线路运行的梯级（踏步），进行升降或者平行运送人、货物的机电设备，包括载人（货）电梯、自动扶梯、自动人行道等。电梯不仅是生产运输的主要设备，更是人们生活和工作中必备的交通工具。电梯的分类方法很多，主要有以下几种。

(1) 按用途分类

1) 乘客电梯（K），为运送乘客设计的电梯，要求有完善的安全设施以及一定的轿厢内部装饰。

2) 载货电梯（H），主要为运送货物而设计，通常为有人伴随轿厢运行的电梯。有司机载货电梯允许司机及装卸人员随同上下；无司机载货电梯仅允许装卸人员在装卸货物时出入轿厢，但不允许随货物一同上下，更不准运载乘客。

3）住宅电梯（Z），供住宅使用的电梯，一般采用下集选控制方式，轿厢内部装饰较简单。

4）病床电梯（B），为运送病床、担架等而设计的电梯，轿厢具有长而窄的特点。

5）杂物电梯（W），供图书馆、办公楼、饭店运送图书、文件、食品等设计的电梯。这类电梯专门用于运送物件，轿厢内严禁载人。

6）观光电梯（G），井道和轿厢壁至少有一面的相同侧透明，乘客可以观看轿厢外景物的电梯。

7）船舶电梯（C），船舶上使用的电梯，能在船舶摇晃中正常工作。

8）其他类型的电梯，除上述常用电梯外，还有些特殊用途的电梯，如防爆电梯、矿井电梯、消防员专用电梯等。

（2）按速度分类

1）低速电梯，速度不大于1 m/s。

2）快速电梯，速度大于1 m/s，低于2 m/s 的电梯。

3）高速电梯，速度在2 m/s 以上的电梯。

2. 电梯的主要技术参数

（1）额定载质量（乘客人数）：指制造和设计规定的电梯载质量，对于客用电梯还有轿厢乘客人数的限定。

（2）额定速度：制造和设计所规定的电梯运行速度。

（3）轿厢尺寸：用轿厢宽度和轿厢深度表示，是指轿厢内部的尺寸，其尺寸基本决定了额定载质量和井道、机房的尺寸。

(4) 开门方式：如封闭式中分门和双折门、旁开式双折门或三扇门、前后两面开门、栅栏门、自动门、手动门等，并包括开门方向。

(5) 开门宽度：是指轿厢门和层门完全开启后的净宽。

(6) 层站数量：是指建筑物内各楼层用于出入轿厢的地点数。

(7) 提升高度：是指从底层端站楼面至顶层端站楼面之间的垂直距离。

(8) 顶层高度：是指由顶层端站楼面至机房楼板或隔层楼板下最凸出构件的垂直距离。该参数与电梯的额定速度有关，梯速越高，顶层高度一般就越高。

(9) 底坑深度：是指由底层端站楼顶至井道底平面之间的垂直距离。它同样与梯速有关，速度越快，底坑越深。

二、电梯事故原因及预防措施

1. 电梯事故类型

电梯事故有人身伤害事故、设备损坏事故和复合性事故。

(1) 人身伤害事故

1) 高处坠落。如果层门未关闭或从外面将层门打开，轿厢又不在此层，可能造成受害人失足坠入井道；检修人员在轿顶站立不稳造成坠落；在电梯故障时，人员从轿厢或轿顶向邻近的楼层转移而造成失足坠落等。

2) 剪切挤压。电梯运行过程中，人员跌进轿厢或井道墙壁之间导致挤压伤害；当乘客踏入或踏出轿门的瞬间，轿厢突然启动，受害人在轿门与层门之间的上下门槛处被剪切；从层门向井道探身时，被驶来的轿厢剪切伤害；轿厢向上运动冲顶，对正在轿顶的人员造成挤压伤害；在轿顶的人员身体探出运动的轿厢垂直界面外，与导轨装置或对重装置撞击、剪切造成伤害。

3）撞击。常发生在轿厢超速运行，或悬挂装置破坏，导致轿厢冲顶或蹲底时，受害者的身体撞击到建筑物或电梯部件上。

4）触电。受害人的身体接触到控制柜的带电部分，或在施工操作中，人接触到设备的带电部分或漏电设备的金属外壳。在轿顶、轿厢、底坑、机房等与电气部件相关的位置处容易发生触电事故。

5）其他伤害。如一般的机械伤害，或在火灾事故中受害人被烧伤等。

（2）设备损坏事故。电梯设备损害事故主要有以下几种：

1）机械磨损。常见的有曳引钢丝绳将曳引轮绳槽磨大或钢丝绳断丝，以及齿曳引机蜗轮蜗杆磨损过大等。

2）绝缘损坏。电气线路或设备的绝缘损坏或短路，烧坏电路控制板；电动机过负荷其绕组被烧毁。

3）火灾。使用明火时操作不慎引燃物品，或电气线路绝缘损坏造成短路引起火灾。

4）浸水、锈蚀。井道或底坑进水造成电气设备浸水或受潮甚至损坏，机械设备锈蚀。

（3）复合性事故。复合性事故是指事故中既有人身伤害，又有设备的损坏。

2．电梯事故原因分析

（1）日常管理不到位。电梯使用单位在管理、使用、维护上的各项规章制度不健全，或者有制度不落实、不执行。各项制度变成一纸空文，形同虚设。管理人员不到位或者没有专职管理人员，在日常管理上没有明确的责任划分，造成管理失控。

(2) 安装和维修施工隐患。电梯的整机质量是由制造、安装、保养、使用等多个环节共同决定的。其中安装质量占到了综合质量的50%以上，虽然电梯设备有一套完善的安全装置来确保电梯运行中设备和人身安全，但如果在安装或维修工程中质量不合格留下事故隐患，这时投入运行就可能发生设备或人身事故。

(3) 维护保养不到位。电梯没有按照规定进行定期的维护和保养，甚至有的“带病”运行。日常维修保养不按规章制度办，对已发现的小毛病不及时处理，造成失保失修，导致事故发生。

(4) 违章作业和指挥。若维修人员、电梯司机缺乏电梯安全技术知识或不遵守安全操作规程，电梯管理人员不注意对电梯运行人员的定期安全教育和安全技术培训，均可能造成电梯设备和人身事故的发生。

电梯司机、维护人员职业素质差，有的无证上岗，有的违章作业，这是造成事故发生的主要原因。根据电梯事故统计，因违章作业或违章指挥造成的事故占事故总数的80%以上。

(5) 设备自身设计缺陷。因为设备自身设计或制造时的缺陷，导致电梯发生事故。此类事故非常少见，有些是由于零部件失效造成的。

(6) 乘客的不安全行为。一些乘客对电梯的不文明行为对电梯造成损害。例如，踢门、打门、扒门；随意按紧急呼叫按钮，破坏电梯设施；乱配电梯层门开锁钥匙等。另外，当电梯出现故障，被困人员惊慌失措，自作主张扒门等，这都是很危险的。

3. 预防事故发生的安全措施

(1) 明确管理责任、落实各项制度。管理部门应重视和加强电梯在运行、维修、保养以及安全检验上的管理，要建立健全电梯日常维修保养、运行、周期性检验制度，明确各自的岗位责任制，健全各项作业的安全操作规程，并建立监督保证体系，切实保证各种规章制度的落实。

（2）定期进行维护保养。定期检查电梯维修保养、运行情况，排除安全隐患，检查各种工器具及劳保用具的安全性，检查贯彻各种规章制度的情况，对电梯安全技术管理情况进行检查。

（3）定期进行安全检验。定期对电梯进行安全检验，并对检验部门提出的问题立即采取整改措施。

（4）加强作业人员管理。建立健全相关人员的岗位责任制，定期培训电梯管理人员、电梯司机及维修人员，提高其安全操作技能和技术水平，并对参加作业的人员定期复训及考核。

（5）长期停运后的检查。电梯停用时间达一年以上，再次投入运行前必须进行全面检查，报请监督检验机构检验合格后，方可投入运行。

三、工艺操作安全要求

1. 电梯司机安全要求

要使一台电梯能正常安全运行，并经常处于良好状态，除了电梯产品质量好，安装技术符合国家规定的技术条件及安装规范，并定期对电梯进行维修保养外，还与电梯司机的素质有密切关系。对电梯司机的基本要求如下：

（1）电梯司机应由具有初中以上文化、身体健康的人员来担任。患有心脏病、高血压、精神病和耳聋眼花、四肢残疾、低能者不允许担任电梯司机。

（2）电梯司机应具有一定的机械与电工基础知识，了解电梯的基本构造，主要零部件的形状、安装位置和作用，了解电梯的启动、加速、减速、平层等运行原理和电梯保养及简单故障排除方法。

（3）电梯司机应掌握所操纵电梯的基本参数，电梯的服务对象、井道、层站数、层楼高度、额定速度、载质量、控制方式等，以及电梯在建筑物中所处的位置、通道及紧急出口，维修值班室位置及联络电话。

（4）应掌握电梯中各种安全保护装置的构造、工作原理和安装位置，熟练掌握电梯操纵方法，并能对电梯运行中突然出现的停车、失控、冲顶、蹲底等情况采取正确的处理方法。

2. 电梯安全操作规程

电梯安全操作规程包括电梯行驶前的安全检查、电梯行驶中的安全操作和紧急情况下的安全措施三个环节。

（1）电梯行驶前的安全检查。电梯能否安全合理地使用，与电梯司机的安全意识、工作责任心、掌握的电梯知识、驾驶电梯的技能及处理紧急情况的经验和能力有关。电梯司机除了做好轿厢内部和层站部位的清洁卫生外，还应认真对电梯进行驾驶前的安全检查。检查的主要项目包括：

1）对多班制运行的岗位，接班人员要仔细了解上一班电梯的运行状况，做到心中有数。

2）在开启层门进入轿厢前，必须先确认电梯的轿厢是否停在该层。

3）对电梯做上、下试运行，观察电梯从启动到平层、消号及开关门是否正常，有无异常响声和晃动，信号指示是否完好正确，急停按钮是否可靠。

4）检查确认轿厢内电话是否畅通，警铃是否好用。

5）检查轿门地坎滑槽内有无垃圾，轿厢和门是否清洁。

6）检查轿厢内照明和电风扇是否完好，开关是否好用。

7）在试运行中注意轿厢运行时有无碰撞声和异常响声。对检查中发现的问题，应通知维修人员尽快处理，正常后方可投入运行。

对无司机电梯，每班应由电梯管理人员跟梯检查1～2次。及时处理异常现象，防止电梯带故障运行。连续停用7天以上的电梯，启用前应认真检查，无问题后方可使用。

（2）电梯行驶中的安全操作

1）电梯司机在值班期间，应坚守岗位。确需离开轿厢时，应使轿厢开至基站，断开轿厢内电源开关，关闭层门。单班制运行的岗位，每次下班时，也应该按照此要求进行停梯。

2）控制电梯不能超载行驶。载货电梯的轿厢内负载应分布均匀，防止轿厢倾斜行驶。

3）引导乘客正确停梯，不准在轿厢内吸烟、打闹或高声喧哗，不准紧靠轿门或以身体和行李挡住轿门、层门。

4）乘客电梯不允许装运易燃、易爆危险品或腐蚀、挥发性物品。载货电梯运输此类物品时，应先采取相应的安全防护措施。

5）不准打开轿厢顶部安全窗或轿厢安全门运送超长物件。轿厢顶部不准堆放除电梯固定装置外的任何物品。

6）禁止在电梯轿门开启情况下，用检修速度做正常行驶。

7）不允许在轿厢无照明情况下行驶。

8）当轿厢异常停车时，司机应劝阻乘客不可扒门而出。

9）电梯行驶时严禁对电梯进行清洁、维修。在清洗轿厢顶部照明隔光板（栅）时，禁止将其放在层门、轿门之间的通道地面。在未断电情况下，禁止在轿厢内做任何维护保养工作。

3. 紧急情况下的安全措施

(1) 电梯在运行时出现失控、超速和异常响声或冲击等，应立即按急停按钮和警铃按钮。司机应保持镇静，维持轿内乘客秩序，劝阻乘客不要乱扒轿门，等待维修人员前来解救疏散。

(2) 电梯运行中突然停车，应先切断轿厢内控制电源，并通知维管人员用盘车的办法将轿厢就近停车，打开轿门、层门，安全疏散乘客。

(3) 当轿厢因安全钳动作而被夹持在导轨上无法用盘车的方式移动时，应由维修人员先找出原因，排除故障后再启动运行将乘客从就近层站救出。尽量不通过安全窗疏散。疏散时，应先切断轿厢内控制电源，并注意救助过程中的安全。完成救助工作后，维修人员应对导轨的夹持面进行检查、修复。

(4) 当发生火灾时，应立即停止电梯的运行。司机或乘客应保持冷静，并尽快疏导乘客从安全通道撤离。除具有消防功能的电梯进入消防运行状态外，其余电梯应立即返至首层或停在远离火灾的楼层，并切除电源，关闭层门、轿门，停止使用。若轿厢内电气设备出现火情，应立即切断轿内电源，用二氧化碳、干粉或“1211”灭火器进行灭火。

(5) 当电梯在运行中发生地震时，应立即就近停梯，将轿厢内乘客迅速撤离，关闭层门、轿门，停止使用。地震过后应对电梯进行全面细致的检查，对地震造成的损坏进行修复后还要反复做试运行检查，必要时还应由政府主管部门进行安全技术检验，确认一切正常后，方可投入使用。

(6) 当电梯某一部位进水后，应立即停梯，切断总电源开关，防止短路和触电事故的发生，然后采取相应的除湿烘干措施，在确认一切正常后，再投入运行。

第九节 喷涂作业

一、喷涂工艺及其危险有害因素

喷涂通过喷枪或碟式雾化器，借助于压力或离心力，将涂料分散成均匀而微细的雾滴，施涂于被涂物表面的涂装方法。可分为空气喷涂、无空气喷涂、静电喷涂以及上述基本喷涂形式的各种派生的方式，如大流量低压力雾化喷涂、热喷涂、自动喷涂、多组喷涂等。

目前，我国机械工业中，喷涂作业应用非常广泛。主要的喷涂方法有空气喷涂和静电喷涂两种。空气喷涂包括压缩空气喷涂和高压无空气喷涂，其中压缩空气喷涂又分冷喷法和热喷法两种，其工作原理基本相同。

冷喷法是通过压缩空气气流将涂料从喷枪嘴中喷出，使之成为雾状液体，分散沉积在加工物体的表面。一般挥发性大的油漆，如硝基漆、过氯乙烯漆、丙烯酸漆等大多采用此法。

热喷法设有预热罐，温度一般为 60～70℃。由于热喷涂的固体含量比冷喷涂时高 50% 左右，因此，热喷一层相当于冷喷两层，这样溶剂可以减少 50%～70%，所以，热喷法比冷喷法稍为安全一些。目前常用热喷法进行喷涂。

由于喷涂作业中涂料的溶剂含量比较大，而且喷涂作业要求涂料干燥快，因此，所用溶剂的沸点低，容易挥发，当这些易燃液体的蒸气大量扩散在空气中，与空气混合达到一定浓度后，遇火便会发生燃烧爆炸。其次，由于喷涂溶剂中含有苯，喷涂操作人员长期接触会造成苯中毒。

二、喷涂作业环境要求

1. 喷涂作业应在专门设置的房间或厂房内进行，或在指定的喷涂区进行。

2. 不得在集会、教室、住宅等公共场所设立喷涂车间，对以上公共场所进行装修需喷涂者除外。

3. 喷涂作业的厂房一般采用单层建筑。如布置在多层建筑物内，宜布置在建筑物上层；如布置在多跨厂房内，宜布置在外边跨。

4. 喷涂作业车间的出入口至少应有两个，并且应保持畅通。

5. 喷涂作业车间的门应向外开启。

6. 密闭空间内的喷涂作业是指对密闭空间本身或设在密闭空间的固定设备、设施等进行装修。除此之外，密闭空间不得作为喷涂作业场所。

7. 密闭空间只有一个出入口时，宜增开一个工艺口。

8. 进入密闭空间进行喷涂作业前，应办理进入手续。

9. 喷涂作业人员进入密闭空间前应对密闭空间进行空气检测，通常密闭空间内空气中的氧含量应不低于18%（体积百分数）。

10. 喷涂作业时，要在密闭空间入口处张贴“未经许可不准进入”的标志，严禁未经准许的人员、车辆进入。

三、工艺操作安全要求

1. 喷涂前对通风系统和照明系统的检查

对通风系统和照明系统的检查内容主要包括以下方面：

（1）通风系统是否符合要求。

（2）照明线不应有接头。

（3）照明电缆内的电流、电压不应超过规定要求。

（4）照明线应悬吊，无破损、无摩擦、无过分受力。

2. 喷涂设备使用安全注意事项

（1）喷涂时，切勿使手指、手掌或身体的任何部位接触喷嘴。

（2）严禁将喷枪口对着自己或他人。

（3）严禁将喷嘴护套卸下后喷涂。

（4）除了喷涂或清洗外，任何时候都必须将喷枪保险关上。

（5）在进行任何设备的维修或保养作业前，先泄压。

（6）清洗时，勿使用漂白水或含强酸、碱的溶剂。

（7）必须配备相应的电源稳压器。

3. 喷涂设备施工注意事项

（1）在通风良好及照明充足的场所进行施工。

（2）不能在有火花或有可燃物的区域施工。

（3）应使设备在无涂料的情况下空转超过 10 s。

（4）喷涂设备不能用于含胶水成分或含颗粒及无溶剂或含强腐蚀性的涂料的喷涂。

（5）喷涂设备只能使用220 V 的单相电，严禁接380 V 电源，否则将会烧毁电动机。

（6）在拔下电源插头时，切勿拉扯设备电源线。

（7）喷涂时，禁止吸烟。

4. 喷涂操作员安全操作规程

（1）严禁烟火。工作人员不得携带火柴、打火机等火种进入作业场所；喷涂时，不准吸烟。

（2）动火检修时，必须采取防火措施，如事先清除油漆及其沉淀物，并办理动火证审批手续。

（3）根据生产情况，设置通风和排风装置，将可燃气体及时迅速排出。对中小型零件喷涂时，最好采用水帘过滤抽风柜。通风机必须采用防爆风机。排风扇叶轮应采用非铁金属制作，并经常检查，防止摩擦撞击。所有电气设备应有良好接地。如果车间没有严格的保湿要求，最好采用自然通风。

（4）操作时应控制喷速，空气压力应控制在0.2～0.4 MPa，喷枪与工作表面的距离宜保持在300～500 mm。

（5）车间里的油漆和溶剂储存量以不超过一日用量为宜。为减少挥发量，容器应加盖。

（6）露天喷涂作业时，不应在进行焊接、切割、锻造、铸造等带明火的作业场所进行。

（7）在特殊情况下，例如，对大型机械、机车等机件庞大且不宜搬动的物体进行喷涂作业，若现场作业，而现场的电气设备又不防爆时，应将现场电源全部切断，等喷涂作业结束、可燃气体全部排除后方可通电。

（8）在进行喷涂作业时，劳动防护用品（喷涂面罩、防护服、手套、过滤器等）要穿戴齐备。

5. 静电喷涂安全规定

（1）工作前先检查设备的电气线路接头是否有破损或漏气，确认工件、涂装所有组件（除雾化头）接地线是否良好。

（2）喷涂前先打开喷涂室排风系统，排风系统损坏时严禁喷涂。

（3）高压电缆应与其他电力线保持500 mm以上的距离，以防击穿放电。

(4) 开机时先观察控制柜上的电压指示表，其输入电压是否正常，若正常按下电源启动按钮，然后调整往复机至所需行程及速度，再将雾化开关调至低速状态，打开涂料开关转至“送漆”位置，并调整好所需涂料吐出量，当有涂料输出时将雾化空气开关调至高速状态，并调整至所需的雾化压力，最后打开静电开关，并调整至所需电压（一般调至80~90 kV）。

(5) 在静电喷涂时，操作者不得离开工作地点，不准接近雾化盘，雾化盘与工件的距离不得小于300 mm，禁止在强电场内传递物件。

(6) 在清洁设备时，必须关闭电源总开关，雾化盘已停止运转并用放电棒将残留静电导出。非工作人员不准进入涂装区；操作人员进入涂装区时，须关闭高压开关，不能穿有橡胶、合成、软木鞋底等绝缘的鞋子。

(7) 静电喷涂室内严禁明火、吸烟；喷涂室周围，应备有充足的消防器材，作业人员应了解消防器材的性能及使用方法。在加漆、换漆、观察工件漆面、静电喷涂过程中有噪声、电气设备出故障时必须立即切断电源。

(8) 作业结束后，将涂料开关转至“回漆”位置，回漆完成后将涂料管口插入溶剂内，再将涂料开关转回“送漆”位置，使溶剂在涂料管内流动约1 min，彻底清洗涂料管及雾化盘，完毕后关掉电源总开关，并清洁作业场所环境卫生。

6. 热喷涂安全规定

(1) 火焰喷涂设备的安全操作

1）开启乙炔气瓶阀门时动作要缓慢，并且要将阀门开到最大。

2）乙炔气瓶体的表面温度不要超过40℃。

3）如发现有丙酮泄漏，要马上停止使用。

4）乙炔发生器在使用前必须装够规定的水量，并及时排出气室积存的灰渣，补充新水，以保证发气室内冷却良好。

5）定期检查乙炔压力表的准确性与安全阀的可靠性。

6）使用中的乙炔发生器与明火、火花点、高压线等之间的距离不得小于10 m，并应防止暴晒以及来自高处的飞散火花或坠落物等引起的危害。

7）禁止将移动式乙炔发生器放在风机、空气压缩机站、制氧站等处的吸气口和避雷针接地引线导体附近，以及电气装置或金属物件接地体上。

（2）回火防止器的安全操作

1）根据乙炔气瓶和乙炔发生器及操作条件选用符合安全要求的回火防止器。每一把喷枪必须配用独立、合格的回火防止器。

2）每班工作前都应先检查回火防止器，保持其密封性良好和逆止阀动作灵敏可靠。

3）在使用水封式回火防止器的过程中，任何时候都要保持回火防止器内规定的水位。

4）对干式回火防止器，应每月检查，并清洗残留在回火防止器内的烟灰和积污。

（3）控制屏的安全操作

氧气—燃气的控制屏中不得含有可发生火花的电气装置，如果有，则必须安装排风扇，防止泄漏的燃气着火。

（4）火焰喷枪的安全操作

1）火焰喷枪不使用时，须保持清洁干燥，并应按照制造厂的说明书的要求存放。火焰喷枪上的各个阀门均不能出现泄漏，并应能方便可靠地操作。

2）必须用摩擦点火器或喷枪专用点火装置点火，以防止手被灼伤，当喷枪发生回火时，应立即关枪。

3）对在喷涂时不止一次自动熄灭和发生回火的喷枪，在没有检查出原因之前，不准使用。

4）不准将喷枪及其软管挂在减压器或钢瓶上。

5）喷涂结束后，应放掉减压器和软管中的气体，按下列顺序操作：关喷枪→关气瓶阀和其他所有阀→打开喷枪的开关，放出胶管中的余气→将减压阀调压手柄旋出。应根据制造厂的规定操作喷枪开关的开与关。

6）清洗喷枪时，不可让油进入喷枪气室与气道内。

7）不可用普通的油与油脂润滑喷枪，只能使用设备制造厂推荐的润滑剂润滑。

（5）火焰喷涂设备安装与调试的安全操作

1）氧气和乙炔通道上的每个接头均应拧紧，不得有气体泄漏。

2）在打开任何气阀之前，应对工作场地通风。

3）当开启钢瓶气阀时，操作者应站在减压器一侧，慢慢地打开钢瓶气阀。

4）用肥皂水对所有接头进行气密性试验，严禁用火焰检查是否漏气。当发现有漏气现象时，应马上关气，并紧固接头。

（6）等离子喷涂和电弧喷涂设备的安全操作

1）电源线、绝缘物、软管和气路管道在使用前应先检查，如运转不正常，要立即维修或更换。

2）等离子和电弧喷涂设备本身应保证操作安全。外露的等离子枪阴极应绝缘；非转移弧型等离子枪阳极应接地；转移弧型等离子设备中，作为阳极的工件应接地。喷涂场所的电气设备要有保护，不准有明线，如不可避免，要有护管。

3）在没有关掉整个系统包括切断整个系统的气源、电源和水源的情况下，不能进行清洗或修理电源、控制台和喷枪的工作。

4）喷枪应经常保持清洁，避免金属粉尘堆积，并应严格按照制造厂的操作使用说明进行。

5）与喷涂设备连接的控制柜应接地。悬挂等离子或电弧喷涂枪时，挂钩应绝缘或接地。电弧喷枪停止工作时，要将喷枪上的两线材退出。

6）在调整等离子喷枪时，尽可能缩短高频使用时间和减少使用次数。

(7) 喷砂机的安全操作

使用中，压缩空气的压力不得超过压力容器的额定使用压力。操作时不得将喷砂嘴对着人体任何部位。

(8) 压缩空气的安全操作

1）压缩空气不得与氧气或燃料气混合。

2）要经常检查压缩空气的压力，如超过气瓶的额定压力，则不可用于喷涂和喷砂。

3）气路中严禁有油、水和灰尘。

第四章 安全生产管理知识

第一节 安全生产规章制度

一、安全生产规章制度

1. 安全生产规章制度的目的和意义

安全生产规章制度是生产经营单位贯彻国家有关安全生产法律法规、国家和行业标准，贯彻国家安全生产方针政策的行动指南，是生产经营单位有效防范生产、经营过程中的安全生产风险，保障从业人员的安全和健康，加强安全生产管理的重要措施。

建立、健全安全生产规章制度是生产经营单位的法定责任。生产经营单位是安全生产的责任主体，国家有关法律法规对生产经营单位加强安全规章制度建设有明确的要求。《安全生产法》第四条规定："生产经营单位必须遵守本法和其他有关安全生产的法律法规，加强安全生产管理，建立、健全安全生产责任制和安全生产规章制度，改善安全生产条件，推进安全生产标准化建设，提高安全生产水平，确保安全生产。"《劳动法》第五十二条规定："用人单位必须建立、健全劳动安全卫生制度。严格执行国家劳动安全卫生规程和标准，对劳动者进行劳动安全卫生教育，防止劳动过程中的事故，减少职业危害。"

建立、健全安全生产规章制度是生产经营单位安全生产的重要保障，是保护从业人员安全与健康的重要手段。生产经营的目的就是追求利润，但是，在追求利润的过程中，如果不能有效防范安全风险，生产经营单位的生产、经营秩序就不能保障，甚至还会引发社会灾难。客观上需要生产经营单位对生产工艺过程、机械设备、人员操作进行系统分析、评价，制定出一系列的操作规程和安全控制措施，以保障生产、经营活动合法、有序、安全地运行，将安全风险降到最低。在长期的生产经营活动中，生产经营单位积累了大量的防范安全风险的对策措施，这些措施只有形成安全规章制度，才能有效地得到继承和发扬。

2. 安全生产规章制度的管理

生产经营单位应每年编制制定、修订安全生产规章制度的工作计划。安全生产规章制度的制定一般包括起草、会签、审核、签发、发布五个流程。

安全生产规章制度由负有安全生产管理职能的部门负责起草，应在送交相关领导签发前征求有关部门的意见。安全生产规章制度在签发前，应进行审核。安全生产规章制度应采用固定的发布方式，如通过红头文件的形式、单位内部办公网络发布等。发布的范围应覆盖与制度相关的部门及人员。

安全生产规章制度发布后，生产经营单位应组织有关人员进行学习和培训，对安全操作类安全生产规章制度，还应对相关人员进行考核，考试合格后才能上岗作业。安全生产规章制度日常管理的重点是执行过程中的动态检查，确保制度得到贯彻落实。

安全生产经营单位应每年对安全生产规章制度进行一次修订，并公布现行有效的安全规章制度清单。对安全操作规程和安全生产规章制度，除每年进行一次修订外，每3～5年还应组织进行一次全面修订，并重新印刷。

3. 安全生产规章制度的种类

安全生产规章制度的种类很多，一般由综合安全管理制度、人员安全管理制度、设备设施安全管理制度、环境安全管理制度四类组成。

(1) 综合安全管理制度

1) 安全生产责任制度。

2) 安全措施和费用管理制度。

3) 重大危险源管理制度。

4) 危险物品使用管理制度。

5) 隐患排查和治理制度。

6) 事故调查报告处理制度。

7) 消防安全管理制度。

8) 安全奖惩制度。

(2) 人员安全管理制度

1) 安全教育培训制度。

2) 特种作业及特殊作业管理制度。

3) 劳动防护用品发放使用和管理制度。

4) 岗位安全规范。

5) 职业健康检查制度。

(3) 设备设施安全管理制度

1) “三同时”制度。

2) 定期巡视检查制度。

3）定期维护检修制度。

4）定期检测检验制度。

5）安全操作规程。

(4) 环境安全管理制度

1）安全标志管理制度。

2）作业环境管理制度。

3）工业卫生管理制度。

二、安全生产管理的组织保障

生产经营单位的安全生产管理必须有组织上的保障，否则安全生产管理工作就无从谈起。组织保障主要包括两方面：一是安全生产管理机构的保障；二是安全生产管理人员的保障。

安全生产管理机构是指生产经营单位中专门负责安全生产监督管理的内设机构。安全生产管理人员是指在生产经营单位内从事安全生产管理工作的专职或兼职人员；专门从事安全生产管理工作的人员是专职安全生产管理人员；既承担其他工作职责，同时又承担安全生产管理职责的人员为兼职安全生产管理人员。安全生产管理机构和安全生产管理人员的作用是落实国家有关安全生产的法律法规，组织生产经营单位内部各种安全检查活动，负责日常安全检查，督促各种事故隐患及时整改，监督安全生产责任制的落实等。

第二节　安全生产责任制

一、安全生产责任制的定义

安全生产责任制是根据我国的安全生产方针“安全第一、预防为主、综合治理”和安全生产法规建立的各级领导、职能部门、工程技术人员、岗位操作人员在劳动生产过程中对安全生产层层负责的制度。

安全生产责任制是企业岗位责任制的一个组成部分，是企业中最基本的一项安全制度，也是企业安全生产、劳动保护管理制度的核心。实践证明，凡是建立、健全了安全生产责任制的企业，各级领导重视安全生产、劳动保护工作，切实贯彻执行党的安全生产、劳动保护方针和政策及国家的安全生产、劳动保护法规，在认真负责地组织生产的同时，积极采取措施，改善劳动条件，工伤事故和职业性疾病就会减少。反之，就会职责不清、相互推诿，而使安全生产、劳动保护工作无人负责、无法进行，工伤事故与职业性疾病就会不断发生。

安全生产责任制是经长期的安全生产、劳动保护管理实践证明的成功制度与措施。这一制度与措施最早见于国务院 1963 年 3 月 30 日颁布的《关于加强企业生产中安全工作的几项规定》（以下简称《五项规定》）。《五项规定》要求，企业的各级领导、职能部门、有关工程技术人员和生产工人，各自在生产过程中应负的安全责任，必须加以明确的规定。《五项规定》还要求，企业单位的各级领导人员在管理生产的同时，必须负责管理安全工作，认真贯彻执行国家有关劳动保护的法令和制度，在计划、布置、检查、总结、评比生产工作的同时，计划、布置、检查、总结、评比安全工作（即“五同时”制度）；企业单位中的生产、技术、设计、供销、运输、财务等各有关专职机构，都应在各自的业务范围内，对实现安全生产的要求负责；企业单位都应根据实际情况加强劳动保护机构或专职人员的工作；企业单位各生产小组都应设置不脱产的安全生产管理员；企业职工应自觉遵守安全生产规章制度。

二、安全生产责任制的必要性

“生产经营单位必须加强安全生产管理，建立、健全安全生产责任制和安全生产规章制度，改善安全生产条件，推进安全生产标准化建设，提高安全生产水平，确保安全生产。”充分说明了安全生产责任制的重要性。

生产经营单位安全生产责任制的核心是实现安全生产的“五同时”，就是在计划、布置、检查、总结、评比生产工作的时候，同时计划、布置、检查、总结、评比安全工作。

建立安全生产责任制能够起到以下几方面的作用：

1．提高管理水平，促进自主保安。

2．体现安全生产方针。

3．组织现代化生产的需要。

4．建立现代企业管理制度的需要（产权明晰、责任明确、管理规范）。

5．事故责任追究的要求。

三、建立安全生产责任制的要求

建立完善的生产经营单位的安全生产责任制，需要达到的要求如下：

1．建立的安全生产责任制必须符合国家安全生产法律法规和政策、方针的要求，并应适时修订。

2．建立的安全生产责任制体系要与生产经营单位管理体制协调一致。

3．制定安全生产责任制体系要结合本单位、本部门、本班组、本岗位的实际情况，要求明确、具体，具有可操作性，防止形式主义。

4．制定、落实安全生产责任制要有专门的人员与机构来保障落实。

5．在建立安全生产责任制的同时，建立监督、检查等制度，特别是要注意发挥职工群众的监督作用，以保证责任制得到真正落实。

四、安全生产责任制的内容

1．生产经营单位主要负责人

生产经营单位的主要负责人是本单位安全生产的第一责任者，对安全生产工作全面负责。其职责为：

（1）建立、健全本单位安全生产责任制。

（2）组织制定本单位安全生产规章制度和操作规程。

（3）保证本单位安全生产投入的有效实施。

（4）督促、检查本单位的安全生产工作，及时消除安全生产事故隐患。

（5）组织制定并实施本单位的生产安全事故应急救援预案。

（6）及时、如实报告安全生产事故。

2．生产经营单位其他负责人

生产经营单位其他负责人在各自职责范围内，协助主要负责人搞好安全生产工作。

3．生产经营单位职能管理机构负责人及其工作人员

职能管理机构负责人按照本机构的职责，组织有关工作人员落实安全生产责任制，对本机构职责范围的安全生产工作负责；职能机构工作人员在本人职责范围内做好有关安全生产工作。

4. 班组长

贯彻执行本单位对安全生产的规定和要求，督促本班组的工人遵守有关规章制度和安全操作规程，不违章指挥，不违章作业，遵守劳动纪律。

5. 岗位工人

岗位工人对本岗位的安全生产负直接责任。岗位工人要接受安全生产教育和培训，遵守有关安全生产规章和安全操作规程，不违章作业，遵守劳动纪律。特种作业人员必须接受专门的培训，经考试合格取得资格证书，方可上岗作业。

第三节 安全生产教育培训

一、安全生产教育培训的要求

安全教育培训工作是贯彻“安全第一、预防为主、综合治理”安全生产方针，实现安全生产和文明生产，提高员工安全意识和安全素质，防止产生不安全行为，减少人为失误的重要途径。进行安全生产教育，首先要提高生产经营单位管理者及员工的安全生产责任感和自觉性，认真学习有关安全生产的法律法规和安全生产基本知识；其次是普及和提高员工的安全技术知识，增强安全操作技能，强化安全意识，从而保护自己和他人的安全与健康。

二、特种作业人员及其安全教育培训

1. 特种作业和特种作业人员范围

特种作业是指容易发生事故，对操作者本人、他人的安全健康及设备、设施的安全可能造成重大危害的作业。特种作业人员是指直接

从事特种作业的从业人员。

特种作业人员的范围根据特种作业目录分为十一大类。

（1）电工作业。电工作业是指对电气设备进行运行、维护、安装、检修、改造、施工、调试等作业（不含电力系统进网作业），含高压电工作业、低压电工作业、防爆电气作业。

（2）焊接与热切割作业。焊接与热切割作业是指运用焊接或者热切割方法对材料进行加工的作业（不含《特种设备安全监察条例》规定的有关作业），含熔焊与热切割作业、压焊作业、钎焊作业。

（3）高处作业。高处作业是指专门或经常在坠落高度基准面2 m及以上有可能坠落的高处进行的作业，含登高架设作业，高处安装、维护、拆除作业。

（4）制冷与空调作业。制冷与空调作业是指对大中型制冷与空调设备运行操作、安装与修理的作业，含制冷与空调设备运行操作作业、制冷与空调设备安装修理作业。

（5）煤矿安全作业。

（6）金属非金属矿山安全作业。

（7）石油天然气安全作业，含司钻作业。

（8）冶金（有色）生产安全作业，含煤气作业。

（9）危险化学品安全作业。危险化学品安全作业是指从事危险化工工艺过程操作及化工自动化控制仪表的安装、维修、维护的作业。

（10）烟花爆竹安全作业。

（11）国家安全生产监督管理总局认定的其他作业。

2. 特种作业人员的教育培训

特种作业人员在劳动生产过程中担负着特殊任务，所承担的风险较大，一旦发生事故，会给企业生产、职工生命安全造成较大损失。因此，特种作业人员必须经专门的安全技术培训并考核合格，取得《中华人民共和国特种作业操作证》（以下简称特种作业操作证）后，方可上岗作业。未经培训或培训考核不合格者，不得上岗作业。

特种作业人员的安全技术培训、考核、发证、复审工作实行统一监管、分级实施、教考分离的原则。特种作业人员应当接受与其所从事的特种作业相应的安全技术理论培训和实际操作培训。跨省、自治区、直辖市从业的特种作业人员，可以在户籍所在地或者从业所在地参加培训。

3．特种作业人员的考核发证和复审

特种作业人员的考核包括考试和审核两部分。考试由考核发证机关或其委托的单位负责，审核由考核发证机关负责。特种作业操作资格考试包括安全技术理论考试和实际操作考试两部分。考试不及格的，允许补考1次。经补考仍不及格的，重新参加相应的安全技术培训。特种作业操作证有效期为6年，在全国范围内有效。特种作业操作证由国家安全生产监督管理总局统一式样、标准及编号。

特种作业操作证每3年复审1次。特种作业人员在特种作业操作证有效期内，连续从事本工种10年以上，严格遵守有关安全生产法律法规的，经原考核发证机关或者从业所在地考核发证机关同意，特种作业操作证的复审时间可以延长至每6年1次。

特种作业操作证申请复审或者延期复审前，特种作业人员应当参加必要的安全培训并考试合格。安全培训时间不少于8个学时，主要培训法律法规、标准、事故案例和有关新工艺、新技术、新装备等知识。

三、从业人员的安全教育培训

生产经营单位的其他从业人员（以下简称从业人员）是指除主要负责人和安全生产管理人员以外，该单位从事生产经营活动的所有人员（包括临时聘用人员）。

1. 新上岗的从业人员的安全教育培训

生产经营单位新上岗的从业人员应接受厂（矿）、车间（工段、区、队）、班组三级安全教育培训，岗前安全培训时间不得少于24学时。煤矿、非煤矿山、危险化学品、烟花爆竹、金属冶炼等生产经营单位新上岗的从业人员安全培训时间不得少于72学时，每年再培训的时间不得少于20学时。

2. 调岗或离岗后重新上岗的安全教育培训

从业人员调整工作岗位后，由于岗位工作特点、要求不同，应重新进行新岗位安全教育培训［接受车间（工段、区、队）和班组级的安全培训］，并经考试合格后方可上岗作业。由于工作需要或其他原因离开岗位一年以上，重新上岗作业应重新进行安全教育培训［接受车间（工段、区、队）和班组级的安全培训］，经考试合格后方可上岗作业。

调整工作岗位和离岗后重新上岗的安全教育培训工作，原则上应由车间组织。

3. "四新"安全教育培训

生产经营单位采用新工艺、新技术、新材料或者使用新设备时，应当对有关从业人员重新进行有针对性的安全培训。由于"四新"作业未知因素多，从业人员对危险因素了解甚少，缺乏操作知识，容易发生事故，因此，必须对操作者和有关人员加强安全教育和管理，经严格考试合格后，才允许上机操作。

4. 农民工安全教育培训

据统计，近几年发生的生产安全伤亡事故，90%以上是由于人的不安全行为造成的，80%以上发生在农民工比较集中的小企业；每年职业伤害、职业病新发病例和死亡人员中，半数以上是农民工。为保障农民工的生产安全，国家安全生产监督管理总局与教育部等6部门于2006年联合印发了《关于加强农民工安全生产培训工作的意见》。

该意见明确了农民工安全生产培训的主要内容，包括安全生产法律法规，安全生产基本常识，安全生产操作规程，从业人员安全生产的权利和义务，事故案例分析，工作环境及危险因素分析，危险源和隐患辨识，个人防险、避灾、自救方法，事故现场紧急疏散和应急处置，安全设施和个人劳动防护用品的使用和维护，职业病防治等。

5. 岗位人员安全教育培训

岗位人员安全教育培训，是指根据岗位要求所应具备的安全知识和技能而为在岗员工安排的安全教育培训工作，主要包括日常安全教育培训、定期安全考试和专题安全教育培训三方面。

生产经营单位要确立终身教育的观念和全员培训的目标，对在岗的从业人员应进行经常性的安全生产教育培训。

第四节　企业安全文化

一、企业安全文化的概念

1. 企业安全文化的定义

《企业安全文化建设导则》（AQ/T 9004—2008）将企业安全文化定义为：被企业组织的员工群体所共享的安全价值观、态度、道德和行为规范的统一体。

具体来说，企业安全文化是企业在长期的安全生产和经营活动中逐步形成的或有意识塑造的为全体员工接受、遵循的，具有企业特色的安全价值观、安全思想和意识、安全作风和态度、安全管理机制及行为规范，为保护员工身心安全与健康而创造的安全、舒适的生产和生活环境和条件，是企业安全物质因素和安全精神因素的总和。因此，安全文化的内容十分丰富，应主要包括以下三方面：一是处于深层的安全观念文化；二是处于中间层的安全制度文化；三是处于表层的安全行为文化和安全物质文化。

2．企业安全文化的基本功能

企业安全文化是指企业在生产经营过程中，为保障企业安全生产、保护员工身心安全与健康所涉及的种种文化实践及活动。它与企业文化的目标是基本一致的，即“以人为本”，以人的“灵性管理”为基础。但企业安全文化更强调企业的安全形象、安全奋斗目标、安全激励精神、安全价值观、安全生产及产品安全质量、企业安全风貌及“商誉”效应等，是企业凝聚力的体现，对员工有很强的吸引力和无形的约束作用，能激发员工产生强烈的责任感。企业安全文化具有导向功能、凝聚功能、激励功能、辐射功能和同化功能。

二、企业安全文化建设的内容

1．企业安全文化建设的总体要求

企业在安全文化建设过程中，应充分考虑自身内部的和外部的文化特征，引导全体员工的安全态度和安全行为，实现在法律和政府监管要求基础上的安全自我约束，通过全员参与实现企业安全生产水平的持续提高。

2. 企业安全文化建设的基本要素

(1) 安全承诺。应建立包括安全价值观、安全愿景、安全使命和安全目标等在内的安全承诺。安全承诺应做到：切合企业特点和实际，反映共同安全志向；明确安全问题在组织内部具有最高优先权；声明所有与企业安全有关的重要活动都追求卓越；含义清晰明了，并被全体员工和相关方所知晓和理解。

(2) 行为规范与程序。内部的行为规范是企业安全承诺的具体体现和安全文化建设的基础要求。应确保拥有能够达到和维持安全绩效的管理系统，建立清晰的组织结构和安全职责体系，有效控制全体员工的行为。

程序是行为规范的主要组成部分。应建立必要的程序，以实现对与安全相关的所有活动进行有效控制的目的。

(3) 安全行为激励。在审查和评估自身安全绩效时，除使用事故发生率等消极指标外，还应使用旨在对安全绩效给予直接认可的积极指标；应建立员工安全绩效评估系统，建立将安全绩效与工作业绩相结合的奖励制度。

(4) 安全信息传播与沟通。应建立安全信息传播系统，综合利用各种传播途径和方式，提高传播效果；应就安全事项建立良好的沟通程序，确保企业与政府监管机构和相关方之间、各级管理者与员工之间、员工相互之间的沟通。

(5) 自主学习与改进。应建立有效的安全学习模式，实现动态发展的安全学习过程，保证安全绩效的持续改进；应建立正式的岗位适任资格评估和培训系统，确保全体员工胜任所承担的工作；应将与安全相关的任何事件，尤其是人员失误或组织错误事件，当成能够从中吸取经验教训的机会，从而改进行为规范和程序。

(6) 安全事务参与。全体员工都应认识到自己负有对自身和同事安全做出贡献的重要责任，员工对安全事务的参与是落实这种责任的最佳途径。企业组织应根据自身的特点和需要确定员工参与的形式。

(7) 审核与评估。应对自身安全文化建设情况进行定期的全面审核，在安全文化建设过程中及审核时，采用有效的安全文化评估方法，关注安全绩效下滑的前兆，给予及时的控制和改进。

三、企业安全文化建设的步骤

1. 建立机构

企业安全文化的领导机构可以定为安全文化建设委员会，且必须由生产经营单位的主要负责人亲自担任委员会主任，同时要确定一名生产经营单位的高层领导人担任委员会的常务副主任，其他高层领导可以任副主任，有关管理部门负责人任委员。其下还必须建立一个安全文化办公室，办公室可以由生产（经营)、宣传党群、团委、安全管理等部门的人员组成，负责日常工作。

2. 制定规划

对本单位的安全生产观念、状态进行初始评估，对安全文化理念进行定格设计，制订出科学的时间表及推进计划。

3. 培养骨干

培养骨干是推动企业安全文化建设不断更新、发展，非做不可的事情。培训内容可包括理论、事例、经验和本企业应该如何实施的方法等。

4．宣传教育

宣传、教育、激励、感化是传播安全文化、促进精神文明的重要手段。规章制度等刚性的东西固然必要，但安全文化这种柔性的东西往往能起到制度和纪律起不到的作用。

5．努力实践

安全文化建设是安全管理中高层次的工作，是实现“零事故”目标的必由之路，是超越传统安全管理来解决安全生产问题的根本途径。安全文化要在生产经营单位的安全工作中真正发挥作用，必须让所倡导的安全文化理念深入员工的头脑里，落实到员工的行动上。在安全文化建设过程中，紧紧围绕“安全—健康—文明—环保”的理念，通过采取管理控制、精神激励、环境感召、心理调适、习惯培养等一系列方法，既推进安全文化建设的深入发展，又丰富安全文化的内涵。

第五节　安全生产标准化

一、安全生产标准化的定义和意义

1．安全生产标准化的定义

安全生产标准化是指通过建立安全生产责任制，制定安全管理制度和操作规程，排查治理隐患和监控重大危险源，建立预防机制，规范生产行为，使各生产环节符合有关安全生产法律法规和标准规范的要求，人、机、物、环境处于良好的生产状态，并持续改进，不断加强企业安全生产规范化建设。

安全生产标准化建设是指采用科学的方法和手段，提高人的安全意识。创造人的安全环境，规范人的安全行为，使人—机—环境达到最佳统一，从而实现最大限度地防止和减少伤亡事故的目的。安全生产标准化建设的面很广，既涉及人的思想，又涉及人的行为，还涉及人所处的环境，所管理的机械设备、物体材料等方面的内容。

2. 安全生产标准化的意义

为全面推进企业安全生产标准化工作，国家安全生产监督管理总局于 2010 年 4 月发布了《企业安全生产标准化基本规范》(AQ/T 9006—2010)，自 2010 年 6 月 1 日起正式实施。2010 年 7 月，国务院印发了《关于进一步加强安全生产—工作的通知》（国发〔2010〕23 号)，其中第七条明确提出要全面开展安全达标。深入开展以岗位达标、专业达标和企业达标为内容的安全生产标准化建设，凡在规定时间内未实现达标的企业要依法暂扣其安全生产许可证，责令停产整顿；对整改逾期未达标的，地方政府要依法予以关闭。

企业建设安全生产标准化的作用包括以下几点：

（1）可建立企业动态安全管理系统，落实安全主体责任。

（2）可通过对企业各生产环节的风险辨识、预控，最大限度地消除事故隐患。

（3）可提高安全管理水平，提升企业本质安全，建立自我约束、持续改进的安全长效机制。

（4）各级安监部门通过督促和推进，能落实安全监管主体责任，促进安全专项整治，实现依法监管、科学监管，有效遏制重特大事故的发生。

二、安全生产标准化建设的主要内容

根据《企业安全生产标准化基本规范》（AQ/T 9006—2010），安全生产标准化建设的主要内容包括 13 个一级要素，42 个二级要素，见表 4—1。

表 4—1　　安全生产标准化的核心内容

序号	一级要素	二级要素
1	目标	
2	组织机构和职责	组织机构
		职责
3	安全生产投入	
4	法律法规与安全管理制度	法律法规、标准规范
		规章制度
		操作规程
		评估
		修订
		文件和档案管理
5	教育培训	教育培训管理
		安全生产管理人员教育培训
		操作岗位人员教育培训
		其他人员教育培训
		安全文化建设
6	生产设备设施	生产设备设施建设
		设备设施运行管理
		新设备设施验收及旧设备拆除、报废

续表

序号	一级要素	二级要素
7	作业安全	生产现场管理和生产过程控制
		作业行为管理
		警示标志
		相关方管理
		变更
8	隐患排查和治理	隐患排查
		排查范围与方法
		隐患治理
		预测预警
9	重大危险源监控	辨识与评估
		登记建档与备案
		监控与管理
10	职业健康	职业监控管理
		职业危害告知和警示
		职业危害申报
11	应急救援	应急机构和队伍
		应急预案
		应急设施、装备、物资
		应急演练
		事故救援
12	事故报告、调查和处理	事故报告
		事故调查和处理
13	绩效评定和持续改进	绩效评定
		持续改进

三、安全生产标准化建设的步骤

企业安全生产标准化工作采用“策划、实施、检查、改进”的动态循环的模式，依据标准的要求，结合自身特点，建立并保持安全生产标准化系统。通过自我检查、自我纠正和自我完善，建立安全绩效持续改进的安全生产长效机制。

建设安全生产标准化的步骤如下：

1．准备阶段

确定企业安全标准化的目标，并对企业安全管理现状进行初评估。

2．策划阶段

根据相关实施指南，建立安全标准化系统的内容。

3．实施与运行阶段

落实安全标准化系统的各项要求，提供有效运行的必要资源。

4．评价阶段

对实施情况进行检查和内部评价，提出完善措施。

5．改进与提高阶段

根据评价的结果，改进安全标准化系统，不断提高安全绩效。

四、安全生产标准化的评审

安全生产标准化的评审方式包括以下几种：

1．内部考评

由企业安全员进行内部的安全标准化考核评级，自己打分考核评级。发现问题及时整改。

2．高层考评

由企业主要负责人召开高层考评会议，对内部考评的结果进行分析，提出意见，决定是否向有关机构提出进行外部考核评级。

3．外部考核评级

安全生产标准化评审分为一级、二级、三级，一级为最高。安全生产监督管理部门对评审定级进行监督管理。

第六节　安全生产检查与隐患排查治理

一、安全生产检查的类型

安全检查是企业安全生产的一项基本制度，是企业安全生产管理的重要内容之一，是消除隐患、防止事故发生、改善劳动条件的重要手段。通过安全生产检查，可以发现生产经营单位生产过程中的危险因素，以便有计划地制定纠正措施，保证安全生产。

安全检查通常可分为以下六种类型。

1. 定期安全检查

定期安全检查一般是通过有计划、有组织、有目的的形式来实现的。检查周期根据各单位实际情况确定，如每年几次、每季几次、每月几次等。定期检查面广，有深度，能及时发现并解决问题。

2. 经常性（日常）安全检查

经常性安全检查采取个别的、日常的巡视方式来实现。在施工（生产）过程中进行经常性的预防检查，能及时发现隐患，并及时消除，保证施工（生产）正常进行。

3. 季节性及节假日前后安全检查

季节性安全检查是指由各级生产单位根据季节变化，按事故发生的规律对易发的潜在危险突出重点进行季节检查，如冬季防冻保温、防火、防煤气中毒等检查；夏季防暑降温、防汛、防雷电等检查。安排节假日前后进行安全检查是由于节假日前后职工注意力在过节上，容易发生事故，因而应在节假日前后进行有针对性的安全检查。

4. 专业（项）安全检查

专业（项）安全检查是对某个专业（项）问题或在施工（生产）中存在的普遍性安全问题进行的单项的定性或定量检查。专业（项）安全检查具有较强的针对性和专业要求，用于检查难度较大的项目。如对危险性较大的在用设备、设施或作业场所的环境条件进行管理性或监督性定量检测、检验。

5. 综合性安全检查

综合性安全检查一般是由主管部门对下属各企业或生产单位进行的全面的综合性检查，必要时可组织进行系统的安全性评价。

6. 职工代表不定期的安全巡查

企业或车间工会负责组织有专业技术特长的职工代表进行安全生产巡视和检查。重点检查国家安全生产方针、法规的贯彻执行情况，各级人员安全生产责任制和规章制度的落实情况，从业人员安全生产权利的保障情况，生产现场的安全状况，事故隐患的整改情况。

二、安全生产检查的内容

1. 安全生产检查的主要内容

安全生产检查的内容包括软件系统和硬件系统。软件系统的检查主要是查思想、查意识、查制度、查管理、查事故处理、查隐患、查整改。硬件系统的检查主要是查生产设备、查辅助设施、查安全设施、查作业环境。

安全生产检查的具体内容应本着突出重点的原则进行确定。对于危险性大、易发事故、事故危害大的生产系统、部位、装置、设备等应加强检查。一般应重点检查如下项目：易造成重大损失的易燃易爆危险物品、剧毒品、锅炉、压力容器、起重设备、运输设备、电气设备、冲压机械、高处作业和本企业易发生工伤、火灾、爆炸等事故的设备、工种、场所及其作业人员；易造成职业中毒或职业病的尘、毒产生点及其岗位作业人员；直接管理的重要危险点和有害点的部门及其负责人。

对非矿山企业，目前国家有关规定要求强制性检查的项目有：锅炉、压力容器、压力管道、起重机、电梯、自动扶梯、施工升降机、简易升降机、防爆电器、厂内机动车辆等；作业场所的粉尘、噪声振动、辐射、高温低温和有毒物质的浓度等。

2. 机械建筑企业安全检查的重点内容

(1) 施工准备阶段的重点检查内容

1) 如施工区域内有地下电缆、水管或防空洞等，要指派专人进行妥善处理。

2) 现场内或施工区域附近有高压架空线时，要在施工组织设计中采取相应的技术措施，确保施工安全。

3) 施工现场如邻近居民住宅或交通要道，要充分考虑施工扰民、妨碍交通、发生安全事故的各种可能因素，以确保人员安全。对有可能发生的危险隐患，要有相应的防护措施，如搭设过街桥、民房防护棚，以及施工中作业层采取全封闭措施等。

4) 在现场内设金属加工、混凝土搅拌站时，要尽量远离居民区及交通要道，防止施工中的噪声干扰居民正常生活。

(2) 基础施工阶段的重点检查内容

1) 土方施工前，检查是否有针对性的安全技术交底并督促执行。

2) 在雨期或地下水位较高的区域施工时，检查是否有排水、挡水和降水措施。

3）根据施工组织设计中的放坡比例，检查是否有支护措施或护坡桩。

4）深基础施工阶段，检查作业人员工作环境和通风是否良好。

5）工作位置距基础 2 m 以下时，检查是否有基础防护措施和周边防护措施。

（3）结构施工阶段的重点检查内容

1）做好对外装修脚手架的安全检查与验收，预防高处坠落和物体打击。

2）做好对“安全三宝”等安全防护用品（安全帽、安全带、安全网、绝缘手套、防护鞋等）的使用检查与验收。

3）做好对孔、洞口（楼梯口、预留洞口、电梯井口、管道井口、首层出入口等）的安全检查与验收。

4）做好对临边部位（阳台边、屋面周边、结构楼层周边、雨篷与挑檐边、水箱与水塔周边、斜道两侧边、卸料平台外侧边、梯段边）的安全检查与验收。

5）做好对机械设备人员的教育，要求其持证上岗，对所有设备进行检查与验收。

6）做好对材料，特别是大模板的存放和吊装使用的安全检查与验收。

7）做好对施工人员上下通道的安全检查与验收。

8）对一些特殊结构工程，如钢结构吊装、大型梁架吊装以及特殊危险作业，要对施工方案、安全措施和技术交底进行检查与验收。

（4）装修施工阶段的重点检查内容

1）对外装修脚手架、吊篮、桥式架子的保险装置、防护措施在投入使用前要进行检查与验收，日常要进行安全检查。

2）室内管线洞口防护设施。

3）室内使用的单梯、双梯、高凳等工具及使用人员的安全技术交底。

4）内装修作业所使用的各种染料、涂料和胶黏结剂是否挥发有毒气体。

5）多工种的交叉作业。

（5）竣工收尾阶段的重点检查内容

1）外装修脚手架的拆除。

2）现场清理工作。

三、安全检查的程序

安全检查一般包括以下几个步骤：

1. 安全检查准备

（1）确定检查的对象、目的、任务。

（2）查阅、掌握有关法规、标准、规程的要求。

（3）了解检查对象的工艺流程、生产情况及可能出现危险、危害的情况。

（4）制订检查计划，安排检查内容、方法、步骤。

（5）编写安全检查表或检查提纲。

（6）准备必要的检测工具、仪器，以及书写表格或记录本。

（7）挑选和训练检查人员并进行必要的分工等。

2. 实施安全检查

实施安全检查就是通过访谈、查阅文件和记录、现场观察、仪器测量的方式获取信息的过程。

(1) 访谈。通过与有关人员谈话来检查安全意识、规章制度的执行情况等。

(2) 查阅文件和记录。检查设计文件、作业规程、安全措施、责任制度、操作规程等是否齐全、有效；查阅相应记录，判断上述文件是否已执行。

(3) 现场观察。对作业现场的生产设备、安全防护设施、作业环境、人员操作等进行观察，寻找不安全因素、事故隐患、事故征兆等。

(4) 仪器测量。利用一定的检验检测仪器设备，对在用的设施、设备、器材状况及作业环境条件等进行测量，以发现隐患。

3. 通过分析做出判断

掌握情况之后，要进行分析、判断和验证。可凭经验、技能进行分析，做出判断，必要时需对所做判断进行验证，以保证得出正确结论。

4. 提出整改要求

做出判断后，应针对存在的问题做出采取措施的决定，即提出隐患整改意见和要求，包括进行信息反馈。

5. 整改落实

存在隐患的单位必须按照检查组（人员）提出的隐患整改意见和要求落实整改。检查组（人员）对整改落实情况进行复查，获得整改效果的信息。

四、安全检查表

为使检查工作更加规范和将个人的行为对检查结果的影响减小到

最小，常采用预先编制的安全检查表进行检查。根据检查和分析的目的与对象的不同，安全检查表可分为设计审查、施工验收用的安全检查表，厂（矿、公司）级用安全检查表，车间（区、队）用安全检查表，生产工序或岗位的安全检查表，专门（项）安全检查表。

1. 安全检查表的编制依据

安全检查表应列举需要查明的所有可能会导致事故的不安全因素，其主要编制依据有如下几项：

（1）有关标准、规程、规范及规定。

（2）国内外事故案例及本单位在安全管理及生产中的有关经验。

（3）通过系统分析确定的危险部位及防范措施。

（4）新知识、新成果、新方法、新技术、新法规和新标准。

2. 安全检查表的基本内容

安全检查表没有固定的格式，可以根据检查的内容和要求有所不同，但一般应有以下几项内容：

（1）序号。根据要求统一编号。

（2）项目名称。如子系统、车间、工段、设备等。

（3）检查内容。在修辞上既可用陈述句，也可用疑问句。

（4）检查结果。即问题回答栏，可以根据检查内容回答“是”（“√”）或“否”（“×”），也可以采用打分的形式。

（5）备注栏。可注明建议改进措施或情况反馈等事项。

（6）检查时间和检查者。

为了使检查表进一步具体化，还可以根据实际情况和需要增添栏目，如将各检查项目的标准或参考标准列出，或对各个项目的重要程度做出标记等。

五、事故隐患排查

1. 隐患的定义与分类

《安全生产事故隐患排查治理暂行规定》（安监总局令第16号）指出，安全生产事故隐患是指生产经营单位违反安全生产法律法规、规章、标准、规程和安全生产管理制度的规定，或者因其他因素在生产经营活动中存在可能导致事故发生的物的危险状态、人的不安全行为和管理上的缺陷。

事故隐患分为一般事故隐患和重大事故隐患。一般事故隐患是指危害和整改难度较小，发现后能够立即整改排除的隐患。重大事故隐患是指危害和整改难度较大，应当全部或者局部停产停业，并经过一定时间整改治理方能排除的隐患，或者因外部因素影响致使生产经营单位自身难以排除的隐患。

综合事故性质分类和行业分类，考虑事故起因，可将事故隐患归纳为21类，即火灾、爆炸、中毒和窒息、水害、坍塌、滑坡、泄漏、腐蚀、触电、坠落、机械伤害、煤与瓦斯突出、公路设施伤害、公路车辆伤害、铁路设施伤害、铁路车辆伤害、水上运输伤害、港口码头伤害、空中运输伤害、航空港伤害、其他类事故隐患等。

2. 建筑企业事故隐患排查的内容

（1）建筑施工安全法规、标准、规范和规章制度的贯彻执行。

（2）建设工程各方主体特别是建设单位、施工单位和工程监理单位的安全生产责任制的建立和落实。

（3）安全生产费用的提取和使用。

（4）危险性较大工程安全专项方案的制定、论证和执行落实。

（5）安全教育培训，特别是对建筑施工企业“三类人员”（建筑施工企业主要负责人、项目负责人和专职安全生产管理人员)、特种作业人员和生产一线职工(包括农民工)的教育培训。

(6) 应急救援预案的制定、演练及有关物资、设备的配备和维护。

(7) 建筑施工企业、项目和班组的安全检查和整改落实。

(8) 事故报告和处理,对有关责任单位和责任人的追究和处理等。

六、事故隐患治理

1. 事故隐患治理的要求

生产经营单位是事故隐患排查、治理和防控的责任主体。生产经营单位应当每季度、每年对本单位事故隐患排查、治理情况进行统计分析,并分别于下一季度15日前和下一年1月31日前向安全监管监察部门和有关部门报送书面统计分析表。统计分析表应当由生产经营单位主要负责人签字。

对于重大事故隐患,生产经营单位除依照上述要求报送外,还应当及时向安全监管监察部门和有关部门报告。重大事故隐患报告内容应当包括以下内容:隐患的现状及其产生原因,隐患的危害程度和整改难易程度分析,隐患的治理方案。

对于一般事故隐患,由生产经营单位(车间、分厂、区队等)负责人或者有关人员立即组织整改。对于重大事故隐患,由生产经营单位主要负责人组织制定并实施事故隐患治理方案。重大事故隐患治理方案应当包括以下内容:治理的目标和任务,采取的方法和措施,经费和物资的落实,负责治理的机构和人员,治理的时限和要求,安全措施和应急预案。

2. 建筑施工企业事故隐患治理的程序

（1）当发现工程施工事故隐患时，应先判断其严重程度，并要求施工单位进行整改。施工单位提出的整改方案，必要时应经设计单位认可。对事故隐患处理结果应进行检查、验收。

（2）当发现严重事故隐患时，应指令施工单位暂时停止施工，必要时应要求施工单位采取安全防护措施，并报建设单位。同时要求施工单位提出整改方案，必要时应经设计单位认可。整改方案经评审后，施工单位可进行整改处理，处理结果应重新进行检查、验收。

（3）施工单位发现事故隐患后，应立即进行事故隐患调查，分析原因，制定纠正和预防措施，制定事故隐患整改处理方案。

（4）分析事故隐患整改处理方案。对事故隐患整改处理方案进行认真深入的分析，特别是事故隐患原因分析，找出事故隐患的真正起源点。必要时，可组织设计单位、施工单位、供应单位和建设单位各方共同参加分析。

（5）在原因分析的基础上，审核签认事故隐患整改处理方案。

（6）施工单位按审定的整改处理方案实施处理并进行跟踪检查。

（7）事故隐患整改处理完毕，施工单位应组织人员检查验收，自检合格后报请有关部门组织有关人员对整改处理结果进行严格的检查、验收。施工单位写出事故隐患处理报告。

第七节 劳动防护用品的管理

一、劳动防护用品的分类及管理

劳动防护用品是保护劳动者在劳动过程中的安全和健康所必需的

一种预防性装备，是保护劳动者免遭或减轻事故伤害和职业危害的个人随身穿（佩）戴的用品，一般是指个人防护用品，也称个体防护用品。

劳动者在生产、建设、运输、服务、勘探或科学研究中，由于作业环境条件异常而超过人体的耐受力，缺乏防护装备或防护装备存在缺陷，以及其他突然发生的原因，往往容易造成尘、毒、噪声、辐射、触电、爆炸、烧烫、腐蚀、打击、坠落、挤辗和刺割等急性、慢性危害或工伤事故，严重的甚至会危及生命。为了预防上述伤害，国家制定了劳动防护法规，采取各种劳动卫生和安全技术措施，改善劳动条件，防止伤亡事故，预防职业病和职业中毒事故的发生。使用劳动防护用品是所采取的重要措施之一。

工作中一旦发生事故，劳动防护用品便可以起到保护人体的目的。对于大多数作业，当对人体的伤害在劳动防护用品的安全限度以内时，各种防护用品具有消除或减轻事故的作用。为此，防护用品必须严格保证质量、确保安全可靠，而且穿戴要舒适方便，不影响工效，还应经济耐用。但防护用品对人的保护是有限度的，当伤害超过允许的防护范围时，防护用品也将失去其作用。

劳动防护用品有一个重大的局限性，就是不能从源头消除危害，当防护用品失效，而又未被察觉时，风险就会大大增加。因此，只有在其他防护措施无法实施时，才可把劳动防护用品作为唯一消除和减轻事故的方法。因为没有一种劳动防护用品能永远做到100%有效（所具有的防护作用是有一定限度的），而且使用不当及使用错误的事时有发生。因此，使用劳动防护用品时要恰当选择，并了解其使用条件及应用范围。对使用劳动防护用品的工人，要进行相关的培训。

1. 劳动防护用品的分类

劳动防护用品的种类很多，根据《劳动防护用品分类与代码》(LD/T 75—1995) 的规定，我国实行以对人体保护部位来划分的分类标准，可分为头部防护用品、呼吸器官防护用品、眼（面）部防护用品、听觉器官防护用品、手部防护用品、足部防护用品、躯干防护用品、护肤用品、防坠落及其他防护用品九大类。

(1) 头部防护用品。头部防护用品是指用于保护头部，防止撞击、挤压伤害，防物料喷溅，防粉尘等的护具。其主要有防冲击安全帽（如玻璃钢、塑料、橡胶、玻璃、纸胶和竹藤安全帽)、防寒帽以及防尘帽等。

(2) 呼吸器官防护用品。呼吸器官防护用品是预防尘肺和职业病的重要防护用品。其按用途分为防尘、防毒、供氧三类，按作用原理分为过滤式、隔绝式两类。

(3) 眼（面）部防护用品。用以保护作业人员的眼睛、面部，防止外来伤害。主要有焊接、炉窑、防冲击护目镜和面罩、防微波护镜、防激光护镜、防 X 射线护镜、防化学（酸碱）护镜、防尘用眼护具等。

(4) 听觉器官防护用品。长期在 90 dB（A）以上或短时在 115 dB（A) 以上环境中工作时应使用听觉器官防护用品。听觉器官防护用品有耳塞、耳罩和帽盔三类。

(5) 手部防护用品。用于手部保护，主要有耐酸碱手套、电工绝缘手套、电焊手套、防 X 射线手套、石棉手套、丁腈手套等。

(6) 足部防护用品。用于保护足部免受伤害，主要有防砸鞋、绝缘鞋、防静电鞋、耐酸碱鞋、耐油鞋、防滑鞋等。

(7) 躯干防护用品。用于保护职工免受劳动环境中的物理、化学因素的伤害，防护服分为特殊防护服和普通防护服两类。

(8) 护肤用品。用于外露皮肤的保护，分为护肤膏和洗涤剂。

(9) 防坠落及其他防护用品。用于防止坠落事故发生，主要有安全带、安全绳和安全网。

在目前各产业中，劳动防护用品都是必须配备的。根据实际使用情况，应按时间更换。在发放中，应按照不同工种分别发放，并保存台账。

2. 劳动防护用品的管理

企业是使用劳动防护用品的单位，要建立购买、验收、保管、发放、使用、更新和报废等管理制度，教育劳动者正确穿戴和使用劳动防护用品，以保障劳动者的安全健康。

(1) 劳动防护用品的生产。对于已颁布国家标准的劳动防护用品，企业必须严格按照国家标准组织生产，生产的产品必须向劳动防护用品检验站申请产品合格证。产品出厂前应自行检查，并抽取一定比例的产品送交劳动防护用品检验站进行检验，领取产品检验证。产品出厂时必须具有产品检验证，并有制造日期和产品说明书。商业经销单位收购、经销的劳动防护用品要符合国家标准，并且有产品检验证。

国家对特种劳动防护用品实行生产许可证制度。属于此范围的劳动防护用品共有七类：头部护具类、呼吸护具类、眼（面）部护具类、防护服类、防护鞋类、防护手套类、防坠落护具类。

任何单位或个人不得生产和销售无证产品，生产和销售无证产品的企业或个人，视情节轻重追究其行政责任。

(2) 劳动防护用品的选用和采购。劳动防护用品使用单位应到劳动防护用品定点经营单位或劳动防护用品定点生产厂家购买劳动防护用品。

为保证劳动防护用品的质量，购买时除应注意以下四方面的要求外，所购买的劳动防护用品还必须经本单位的安全技术部门验收合格后才能使用。使用单位应购置、选用符合国家标准，并具有产品检验证的劳动防护用品；购置、选用的劳动防护用品必须具有产品合格证；购置、选用的特种劳动防护用品必须具有安全标志；根据工作环境有害因素的特性和危险隐患的类型及劳动强度等因素选择有效的防护用品。

此外，使用单位必须建立劳动防护用品定期检查和失效报废制度。

(3) 劳动防护用品的发放。发放职工个人劳动防护用品是保证劳动者安全健康的一种预防性辅助措施，要与生活福利待遇相区别。

根据安全生产、防止职业伤害的需要，按照不同工种、不同劳动条件发放劳动防护用品；企业中的管理和检查人员也应按实际需求发放备用的劳动防护用品。

禁止将劳动防护用品折合为现金发给个人，发放的劳动防护用品不准转卖。

来企业实习的大学、专科、技术学校的学生所需的劳动防护用品由企业提供，实习期满后归还企业。

(4) 劳动防护用品的使用与管理。企业应建立、健全劳动防护用品管理制度，保证劳动防护用品充分发挥作用。所有劳动防护用品在其产品包装中都应附有安全使用说明书，用人单位应教育劳动者正确使用。

用人单位应按照产品使用说明书的要求，及时更换、报废过期和失效的劳动防护用品。

在使用劳动防护用品前应注意以下几点：

1）劳动防护用品使用前，必须认真检查其防护性能及外观质量。

2）使用的劳动防护用品应与防御的有害因素相匹配。

3）正确佩戴、使用个人劳动防护用品。

4）严禁使用过期或失效的劳动防护用品。

二、正确佩戴劳动防护用品

员工在生产劳动过程中，由于作业环境条件异常，缺乏安全装置或安全装置有缺陷，或其他突然发生的情况，往往会发生工伤事故或职业危害。为防止工伤事故和职业危害的发生，必须使用劳动防护用品。如在密闭的有毒有害介质容器内从事清洗、抢修工作，必须佩戴防毒面具；操作高速旋转的机床时，必须戴防护眼镜；在噪声高的冲压、铸造等车间作业，必须戴耳塞或耳罩；在高处作业必须佩戴安全带；在上下交叉施工的地带作业必须戴安全帽等。

1. 眼（面）部防护用品的作用和使用注意事项

（1）眼（面）部防护用品的作用

1）防止异物进入眼睛。在生产作业过程中，如从事金属切削作业，使用手提电动工具、气动工具进行打磨、冲刷作业等，一些异物容易进入眼内对眼睛造成伤害。有的固体异物高速飞出（如金属碎片）时若击中眼球，可能会使眼球破裂或发生穿透性损伤。使用眼（面）部防护用品可防止伤害事故发生。

2）防止化学性物品的伤害。生产作业过程中的酸（碱）液体、腐蚀性烟雾进入眼中，可引起角膜的烧伤。使用眼（面）部防护用品则可防止伤害。

3）防止强光、紫外线和红外线的伤害。在电气焊接、切割等场所，热源产生强光、紫外线和红外线，可引起眼结膜炎，出现怕光、疼痛、流泪等症状。使用眼（面）部防护用品可避免这些伤害。防止微波、激光和电离辐射的伤害。

(2) 眼（面）部防护用品的使用注意事项。眼（面）部防护用品要选用经产品检验机构检验合格的产品。眼（面）部防护用品的宽窄和大小要适合使用者的脸型。镜片磨损、镜架损坏会影响操作人员的视力，应及时调换。眼（面）部防护用品要专人使用，防止传染眼病。焊接眼（面）部防护用品的滤光片和保护片要按作业需要进行选用和更换。防止重摔、重压，防止坚硬的物体摩擦镜片和面罩。

2. 防护手套的作用和使用注意事项

(1) 防护手套的作用。防止火与高温、低温的伤害；防止电磁与电离辐射的伤害；防止电、化学物质的伤害；防止撞击、切割、擦伤、微生物侵害以及感染。

(2) 防护手套的使用注意事项。防护手套的品种很多，使用中应根据其防护功能选用。首先应明确防护对象，然后再仔细选用，如耐酸（碱）手套有耐强酸（碱）的、有耐低浓度酸（碱）的，而耐低浓度酸（碱）的手套不能用于接触高浓度酸（碱）。切勿误用，以免发生意外。防水、耐酸（碱）手套使用前应仔细检查，观察表面是否破损，简易的检查办法是向手套内吹口气，用手捏紧套口，观察是否漏气。漏气则不能使用。绝缘手套应定期检验其电绝缘性能，不符合规定的不能使用。橡胶、塑料等类防护手套用后应冲洗干净、晾干，保存时避免高温，并在手套上撒上滑石粉以防粘连。操作旋转机床时禁止戴手套作业。

3. 安全帽的作用和使用注意事项

（1）安全帽的防护作用

1）防止物体打击伤害。在生产中容易发生由于物体、工具等从高处坠落或抛出击中人员头部造成伤害等事故，佩戴安全帽可以防止物体打击等伤害事故的发生。

2）防止高处坠落伤害头部。在生产中，进行安装、维修、攀登等作业时可能会发生坠落事故，从而伤及头部导致死亡，使用安全帽保护头部可有效减轻伤害。

3）防止机械性损伤。可以防止旋转的机床、叶轮、带运输设备将操作人员的头发卷入其中。

4）防止污染毛发。在油漆、粉尘等作业环境中，存在化学腐蚀性物质，可能污染头发和皮肤，使用安全帽可有效防止这种伤害。

（2）安全帽的使用注意事项。作业人员所戴的安全帽，要有下颌带和后帽箍并拴系牢固，以防帽子滑落或碰掉。佩戴安全帽前，应检查各配件有无损坏，装配是否牢固，帽衬调节部分是否卡紧，绳带是否系紧等，确信各部件完好后方可使用。热塑性安全帽可用清水冲洗，不得用热水浸泡，不能放在暖气片、火炉上烘烤，以防帽体变形。安全帽使用年限超过规定限值，或者受到较严重的冲击以后，虽然肉眼看不到帽体的裂纹，也应予以更换。一般塑料安全帽的使用期限为3年。

4. 安全带的作用和使用注意事项

(1) 安全带的作用。预防作业人员从高处坠落。

(2) 安全带的使用注意事项。在使用安全带时，应检查安全带的部件是否完整、有无损伤，金属配件的各种环不能是焊接件，边缘应光滑，产品上应有安全鉴定证。使用围杆安全带时，围杆绳上有保护套，不允许在地面上随意拖拽，以免损伤绳套，影响主绳。悬挂安全带不得低挂高用，因为低挂高用在坠落时受到的冲击力大，对人体伤害也大。架子工单腰带一般使用短绳较安全，如需用长绳，以选用双背带式安全带为宜。使用安全绳时，不允许打结，以免发生坠落受冲击时将绳从打结处切断。使用 3 m 以上的长绳时，应考虑补充措施，如在绳上加缓冲器、自锁钩或速差式自控器等。缓冲器、自锁钩和速差式自控器既可以单独使用，也可以联合使用。安全带使用两年后，应做一次试验，若不断裂则可继续使用。安全带使用期限一般为 3 ~5 年，发现异常应提前报废。

三、劳动防护用品选用原则

科学合理地配备、选用劳动防护用品，不但能够杜绝事故发生后引发的经济损失，而且能够提高工人的工作效率，提高使用单位的经济效益，减少使用单位在人力资源等各方面的费用投入。为此，我们必须从以下两个出发点考虑：

1. 舒适性

劳动防护用品为了达到效果，都是在人体上增加屏障、增加负担。如果为了有防护的效果，过于笨重累赘，不但使人感到难受、疲劳，而且还会影响工作效率，缩短工作时间，从而影响工作的产出、企业的经济效益。

如果人们真正地懂得正确选用防护用品和使用单位的经济效益有

紧密关联，他们就可能从全新的角度看问题。那么在研发设计劳动防护用品的过程中，舒适程度就会被提高到一个更受重视的地位。如果劳动防护用品的舒适程度能够被转化为使用单位的经济效益，而且还能够证明和描述它们之间的相关程度、关联数据，那么劳动防护用品为购销双方提供的价值，就有了一个飞跃。

2. 可靠性

如果劳动防护用品没有作用，无法防止意外伤人，那么在劳动防护用品上即使花了再少的钱，都是浪费。因为事故发生后经济损失产生了，而再便宜的劳动防护用品，也是需要花钱的。所以，劳动防护用品一定要可靠安全，使工人在操作中可以得到保护。如此才能最大限度地减少事故，减少因此而产生的经济损失。

第八节　事故处理与工伤保险

一、事故的概念及特性

1. 事故的概念

在介绍事故处理前，有必要对事故这一概念及事故的一些基本特性做一简要介绍。

从广义的角度讲，事故是指人们在实现有目的的行动过程中，由不安全的行为、动作或不安全的状态所引起的、突然发生的、与人的意志相反且事先未能预料到的意外事件，它能造成财产损失，生产中断，人员伤亡。

从劳动保护角度讲，事故主要是指伤亡事故，又称伤害。根据能量转移理论，伤亡事故是指人们在行动过程中，接触了与周围条件有关的外来能量，这种能量在一定条件下异常释放，反作用于人体，致使人身生理机能部分或全部丧失的现象。

在伤亡事故中，我国重点抓了企业职工的伤亡事故，制定了国家标准《企业职工伤亡事故分类》（GB 6441—86）。在标准中，从企业职工的角度将伤亡事故定义为：伤亡事故是指企业职工在生产劳动过程中发生的人身伤害、急性中毒事故。

2. 事故的特性

事故既然是一种意外事件，那么同其他事物一样，它也具有本身特有的一些属性，掌握这些特性，对我们认识事故，了解事故及预防事故具有指导性作用。

概括起来，事故主要有以下四种特性：

（1）因果性。事故的因果性是指事故是由相互联系的多种因素共同作用的结果。引起事故的原因是多方面的。在伤亡事故调查分析过程中，应弄清事故发生的因果，找出事故发生的原因，这对防止类似的事故重复发生将起到积极作用。

（2）随机性。事故的随机性是指事故发生的时间、地点及事故后果的严重程度是偶然的。这就给事故的预防带来一定的困难。但是，事故这种随机性在一定范围内也遵循统计规律。从事故的统计资料中，我们可以找到事故发生的规律性。

因此，伤亡事故统计分析对制定正确的预防措施有重大意义。

（3）潜伏性。表面上，事故是一种突发事件，但是事故发生之前有一段潜伏期。事故发生之前，系统（人—机—环境）所处的这种状态是不稳定的，也就是说，系统存在着事故隐患，具有危险性。如果这时有一触发因素出现，就会导致事故的发生。人们应认识事故的潜伏性，克服麻痹思想。

在生产活动中，某些企业较长时间内未发生伤亡事故，就会麻痹大意，就会忽视事故的潜伏性。这是造成重大伤亡事故的思想隐患。

(4) 可预防性。现代事故预防所遵循的一个原则就是事故是可以预防的。也就是说，任何事故只要采取正确的预防措施，是可以防止的。认识到这一特性，对坚定信心、防止伤亡事故发生有促进作用。因此，我们必须通过事故调查找到已发生事故的原因，采取预防事故的措施，从根本上降低我国的伤亡事故发生频率。

二、事故分类

事故分类在此主要是指伤亡事故特别是企业职工伤亡事故的分类。伤亡事故分类总的原则是：适合国情，统一口径，提高可比性，既有利于科学分析和积累资料，也有利于安全生产的科学管理。

伤亡事故的分类，分别从不同方面描述了事故的不同特点。根据我国有关劳动保护法规和标准，目前应用比较广泛的事故分类主要有以下几种：

1. 按伤害程度分类

指事故发生后，按事故对受伤害者造成损伤以致劳动能力丧失的程度分类。

(1) 轻伤，指损失工作日为1个工作日以上（含1个工作日），105个工作日以下的失能伤害。

(2) 重伤，指损失工作日为105个工作日以上（含105个工作日）的失能伤害，重伤的损失工作日最多不超过6 000个工作日。

(3) 死亡，其损失工作日定为6 000个工作日，这是根据我国职工的平均退休年龄和平均死亡年龄计算出来的。

此种分类是按伤亡事故造成损失工作日的多少来衡量的，而损失工作日是指受伤害者丧失劳动能力（简称失能）的工作日。各种伤害情况的损失工作日数，可按标准（GB 6441—86）中的有关规定计算或选取。

2. 按事故造成的损失和伤亡分类

《生产安全事故报告和调查处理条例》于2007年3月28日国务院第172次常务会议通过，自2007年6月1日起施行。根据生产安全事故（以下简称事故）造成的人身伤亡或者直接经济损失，事故一般分为以下等级：

（1）特别重大事故，是指造成30人以上死亡，或者100人以上重伤（包括急性工业中毒，下同)，或者1亿元以上直接经济损失的事故。

（2）重大事故，是指造成10人以上30人以下死亡，或者50人以上100人以下重伤，或者5 000万元以上1亿元以下直接经济损失的事故。

（3）较大事故，是指造成3人以上10人以下死亡，或者10人以上50人以下重伤，或者1 000万元以上5 000万元以下直接经济损失的事故。

（4）一般事故，是指造成3人以下死亡，或者10人以下重伤，或者1 000万元以下直接经济损失的事故。

3. 按事故类别分类

《企业职工伤亡事故分类》（GB 6441—86）中，将事故类别划分为20类。这一分类方法同20世纪50年代制定的分类标准相比有所改进。具体分类如下：

(1) 物体打击。物体打击是指由失控物体的惯性力造成的人身伤亡事故。本类事故适用于落下物、飞来物、滚石、崩块等造成的伤害。不包括因机械设备、车辆、起重机械、坍塌、爆炸等引起的物体打击。

(2) 车辆伤害。车辆伤害是指企业内由机动车辆引起的机械伤害事故。

机动车辆包括以下车辆:

汽车类:载重汽车、卸货汽车、大客车、小汽车、客货两用汽车、内燃叉车等。

电瓶车类:平板电瓶车、电瓶叉车等。

拖拉机类:方向盘式拖拉机、手扶拖拉机、操纵杆式拖拉机等。

有轨车类:有轨电动车、电瓶机车等。

施工设施:挖掘机、推土机、电铲等。

凡在上述机动车辆的行驶中,发生挤、压、坠落、撞车或倾覆等事故;发生行驶中上下车事故;发生车辆运输摘挂钩事故、跑车事故等,均属本类别事故。

不包括起重设备提升、牵引车辆和车辆停驶时发生的事故。

(3) 机械伤害。机械伤害是指机械设备与工具引起的绞、辗、碰、割、戳、切等伤害。适用于工件或刀具飞出伤人、切屑伤人、被设备的转动机构缠住等造成的伤害。已列入其他项事故类别的机械设备造成的机械伤害除外,如车辆、起重设备、锅炉和压力容器等设备。

(4) 起重伤害。起重伤害是指从事起重作业时引起的机械伤害事故。适用于统计各种起重作业引起的伤害。起重作业包括桥式起重机、龙门式起重机、门座式起重机、塔式起重机、悬臂起重机、桅杆起重机、铁路起重机、汽车吊、电动葫芦、千斤顶等作业。如起重作业时，脱钩砸人、钢丝绳断裂抽人、移动吊物撞人、钢丝绳刮人、滑车碰人等伤害，包括起重设备在使用和安装过程中的倾翻事故及提升设备过卷、蹲罐等事故。不适用于下列伤害的统计：触电；检修时，制动失灵引起的伤害；上下驾驶室失误引发的坠落或跌倒。

(5) 触电。触电是指电流流经人体，造成生理伤害的事故。用于统计触电、雷击伤害。如人体接触设备带电导体裸露部分或临时线；接触绝缘破损外壳带电的手持电动工具；起重作业时，设备误触高压线或感应带电体；触电坠落；电烧伤等事故。

(6) 淹溺。淹溺是指大量的水经口、鼻进入人体肺部，造成呼吸道阻塞或发生急性缺氧而窒息死亡的事故。用于统计船舶、排筏、设施在航行、停泊作业时发生的落水事故。“设施”是指水上、水下各种浮动或者固定的建筑、装置、电缆和固定平台。“作业”是指在水域及其岸线进行装卸、勘探、开采、测量、建筑、疏浚、爆破、打捞、捕捞、养殖、潜水、流放木材、排除故障以及科学实验和其他水上、水下施工。包括高处坠落淹溺，不包括矿山、井下透水淹溺。

(7) 灼烫。灼烫是指强酸、强碱溅到身体引起的灼伤，或因火焰引起的烧伤，高温物体引起的烫伤，放射线引起的皮肤损伤等事故。适用于烧伤、烫伤、化学灼伤、放射性皮肤损伤等伤害。不包括电烧伤以及火灾事故引起的烧伤。

(8) 火灾。火灾是指在时间和空间上失去控制的燃烧所造成的灾害。这里指的是造成人身伤亡的企业火灾事故。

根据国家标准和国际标准，按物质燃烧特征把火灾分为 A、B、C、D、E、F 六类。

A 类火灾：固体物质火灾。这种物质通常具有有机物性质，一般在燃烧时能产生灼热的余烬。

B 类火灾：液体或可熔化的固体物质火灾。

C 类火灾：气体火灾。

D 类火灾：金属火灾。

E 类火灾：带电火灾。物体带电燃烧的火灾。

F 类火灾：烹饪器具内的烹饪物（如动植物油脂）火灾。

（9）高处坠落。高处坠落是指出于危险重力势能差引起的伤害事故。适用于脚手架、平台、陡壁施工等高于地面的坠落，也适用于由地面踏空失足坠入洞、坑、沟、升降口、漏斗等情况。但排除以其他类别为诱发条件的坠落，如高处作业时，因触电失足坠落应定为触电事故，不能按高处坠落划分。

（10）坍塌。坍塌是指建筑物、构筑物、堆置物等倒塌以及土石塌方引起的事故。适用于因设计或施工不合理而造成的倒塌，以及土方、岩石发生的塌陷事故，如建筑物倒塌，脚手架倒塌，挖掘沟、坑、洞时土石的塌方等情况。不适用于矿山冒顶片帮事故，或因爆炸、爆破引起的坍塌事故。

（11）冒顶片帮。冒顶片帮是指矿井工作面、巷道侧壁由于支护不当、压力过大造成的坍塌，称为片帮；顶板垮落为冒顶。二者常同时发生，简称为冒顶片帮。适用于矿山、地下开采、掘进及其他坑道作业发生的坍塌事故。

（12）透水。透水是指矿山、地下开采或其他坑道作业时，意外水源带来的伤亡事故。适用于井巷与含水岩层、地下含水带、溶洞或与被淹巷道、地面水域相通时，涌水成灾的事故。不适用于地面水害事故。

(13) 放炮。放炮是指施工时，放炮作业造成的伤亡事故。适用于各种爆破作业，如采石、采矿、采煤、开山、修路、拆除建筑物等工程进行的放炮作业引起的伤亡事故。

(14) 火药爆炸。火药爆炸是指火药与炸药在生产、运输、储藏的过程中发生的爆炸事故。适用于火药与炸药生产在配料、运输、储藏、加工过程中，由于振动、明火、摩擦、静电作用，或因炸药的热分解作用，储藏时间过长或因存药过多发生的化学性爆炸事故，以及熔炼金属时，废料处理不净，残存火药或炸药引起的爆炸事故。

(15) 瓦斯爆炸。瓦斯爆炸是指可燃性气体瓦斯、煤尘与空气混合形成了达到燃烧极限的混合物，接触火源时引起的化学性爆炸事故。主要适用于煤矿，同时也适用于空气不流通，瓦斯、煤尘积聚的场合。

(16) 锅炉爆炸。锅炉爆炸是指锅炉发生的物理性爆炸事故。适用于使用工作压力大于 0.7 atm（0.07 MPa）、以水为介质的蒸汽锅炉（以下简称锅炉），但不适用于铁路机车、船舶上的锅炉以及列车电站和船舶电站的锅炉。

(17) 容器爆炸。容器（压力容器的简称）是指比较容易发生事故，且事故危害性较大的承受压力载荷的密闭装置。容器爆炸是压力容器破裂引起的气体爆炸，即物理性爆炸，包括容器内盛装的可燃性液化气在容器破裂后立即蒸发，与周围的空气混合形成爆炸性气体混合物，遇到火源时产生的化学爆炸，也称容器的二次爆炸。

(18) 其他爆炸。凡不属于上述爆炸的事故均列为其他爆炸事故。

(19) 中毒和窒息。包括中毒、缺氧窒息、中毒性窒息。

(20) 其他伤害。其他伤害是指除上述以外的伤害，如摔伤、扭伤、挫伤、擦伤等伤害。

4. 按受伤性质分类

受伤性质是指人体受伤的类型。实质上这是从医学的角度给予创伤的具体名称，常见的有以下一些名称。

(1) 电伤以指由于电流流经人体，电能的作用所造成的人体生理伤害，包括引起皮肤组织的烧伤。

(2) 挫伤，指由于挤压、摔倒及硬性物体打击，致使皮肤、肌肉肌腱等软组织损伤。常见有颈部挫伤和手指挫伤。严重者可导致休克、昏迷。

(3) 割伤，指由于刃具、玻璃片等带刃的物体或器具割破皮肤肌肉引起的创伤。严重时可导致大出血，危及生命。

(4) 擦伤，指由于外力摩擦，使皮肤破损而形成的创伤。

(5) 刺伤，指由尖锐物刺破皮肤肌肉而形成的创伤。其特点是伤口小但深，严重时可伤及内脏器官，导致生命危险。

(6) 撕脱伤，指因机器的辗轧或绞轧，或炸药的爆炸使人体的部分皮肤肌肉由于外力牵拽造成大片撕脱而形成的创伤。

(7) 扭伤，指关节在外力作用下，超过了正常活动范围，致使关节韧带受伤害而形成的创伤。

(8) 倒塌压埋伤，指在冒顶、塌方、倒塌事故中，泥土、砂石将人全部埋住，因缺氧引起窒息而导致的死亡或因局部被挤压时间过长而引起肢体麻木或血管、内脏破裂等一系列症状。

(9) 冲击伤，指在冲击波超压或负压作用下，人体所产生的原发性创伤。其特点是多部位、多脏器损伤，体表伤害较轻而内脏损伤较重，死亡迅速，救治较难。

三、事故调查处理的原则

1．事故是可以预防的

除自然灾害造成的事故无法采取主动的防范措施，以及某些事故原因在技术上还没有有效控制措施外，其余事故都可以通过消除原因来控制事故的发生。因此，通过分析事故发生的原因和过程，研究防止事故发生的理论和对策，是可以防止事故发生、减少损失的。

2．防患于未然

预防事故的积极有效的办法是防患于未然，即采用“事先型”解决问题的办法，将事故隐患、不安全因素消除在潜伏、孕育阶段，这是防止事故的根本出发点。

3．根除事故原因

引起事故的原因是多方面的，而原因之间又有其因果关系，事故预防就是要从事故的直接原因着手，分析引起事故的最本质的原因，只有消除这些最根本的原因，才能消除事故的所有原因，才能根除事故。

4．全面治理

消除事故隐患，根除事故的最基本原因，应遵循全面治理的原则。即在安全技术、安全教育、安全管理等方面，对物的不安全状态(包括护具的不安全条件)、人的不安全行为、管理的不安全因素进行治理和消除，从而达到对事故原因的多方位控制。

四、事故报告和处理程序

伤亡事故一旦发生，为了让有关部门及时掌握情况，迅速采取救援及预防等措施，必须按照有关程序及时报告。

1. 事故报告

(1) 凡发生工伤事故，最先发现者应当立即向部门领导和公司安全生产委员会办公室报告，保护好现场并积极组织抢救。

(2) 发生工伤事故的部门领导和公司安全生产委员会办公室人员接到事故报告后，应该在最短的时间内赶赴现场，组织抢救并保护好现场，防止事故蔓延、扩大。

(3) 发生事故的车间或者部门，应该在发生事故后24 h内填写事故报告，报送公司安全生产委员会办公室。安委会应该及时召开会议研究处理意见，并上报县级劳动保障行政部门。

2. 调查与处理

(1) 凡发生工伤事故，应认真按照“四不放过”原则进行调查、分析，查明原因，明确责任，确定和落实整改措施。

(2) 一般事故或者重大未遂事故，应该在2天内由车间或者部门组织调查、分析，报集团公司安委会做出处理意见。

(3) 发生重伤以上事故由集团公司安委会及有关部门组成调查组进行调查、分析。

(4) 安委会应该建立事故档案，各职能部门应按照分工，整理、登记、保管好事故资料，如现场检查记录、交接班记录、仪器仪表记录、会议记录、化验分析、旁证材料、登记表、报告书及证人证言等。

(5) 重大事故登记表应该写明所属部门、名称、部位、原因、伤害情况概要、事故概况等内容。

(6) 工伤职工的工伤费用支出及其工作安排仍由原所在单位负责。

(7) 经集团公司安委会认定为工伤的，其治疗与休息期间的工资按照本人的基本工资发放，并由安委会通知各相关部门。工伤职工享受工伤工资的时间从受伤害之日起至工伤医疗期满止。

(8) 工伤职工必须持县级以上医院的医疗费用单据，并附病历复印件、诊断证明书和医药费清单，经安委会审核通过后，方可报销。

(9) 因伤势严重确需转院治疗的，必须由原治疗医院出具转院证明，经公司安委会同意，方可转院。

(10) 一般轻伤的治疗或者休息时间不超过 60 天，重伤的治疗或者休息时间为 60 ~ 120 天，特殊情况确需继续治疗或者休息的，由工伤职工或者其家属提前向安委会提出申请，经原治疗医院进行重新诊断确认，并经安委会审核通过后，方可继续治疗或者休息；一个延长期一般为 30 天，最长不超过 60 天。

(11) 工伤职工治疗或者休息期满后即可复岗，原所在部门应该根据伤残情况优先安排其力所能及的工作；复岗通知由集团安委会下达，通知集团人力资源部，若工伤职工在规定的时间内没有进行复岗报到的，集团公司即按照旷工处理。

3. 事故分析

事故调查分析的目的主要是弄清事故情况，从思想、管理和技术等方面查明事故原因，分清事故责任，提出有效改进措施，从中吸取教训，防止类似事故重复发生。

事故调查分析的主要任务如下：

(1) 查清事故发生经过。即通过现场留下的痕迹，空间环境的变化，对事故见证人及受伤者的询问，对有关现象的仔细观察以及必要的科学实验等方式或手段来弄清事故发生的前后经过，并用简短文字准确表达出来。

（2）找出事故原因。即从人的因素、管理因素、环境因素以及机器设备本质安全因素等方面进行综合分析，找出事故发生的直接原因和间接原因。找出事故原因是事故调查分析的中心任务。

（3）分清事故责任。通过事故调查，划清与事故事实有关的法律责任，并对有关责任者提出处理建议，包括行政处分和经济处罚。构成犯罪的，由司法机关依法追究刑事责任。

（4）吸取事故教训，提出预防措施，防止类似事故的重复发生。这是事故调查分析的最终目的。

4. 事故调查程序

伤亡事故的调查是一项法律性、政策性、技术性和科学性很强的工作，调查过程中必须按照科学、合理的程序进行。这些程序主要包括以下内容：

（1）伤员抢救与现场保护。

（2）搜集有关资料及证明材料。

（3）证人材料的搜集。

（4）事故现场摄影。

（5）事故图绘制。

（6）事故原因分析。

（7）事故责任分析。

（8）写出事故调查报告。

五、事故的处理、批复与结案

1. 伤亡事故的处理

伤亡事故处理的目的是通过对事故责任者的处罚来教育广大干部和群众，使其认真执行国家安全生产方针，遵守安全生产法规，杜绝“三违”现象，防止相同或类似事故的发生。

《生产安全事故报告和调查处理条例》（国务院令第493号）第四章对伤亡事故的处理做了如下规定：

第三十二条　重大事故、较大事故、一般事故，负责事故调查的人民政府应当自收到事故调查报告之日起15日内做出批复；特别重大事故，30日内做出批复，特殊情况下，批复时间可以适当延长，但延长的时间最长不超过30日。

有关机关应当按照人民政府的批复，依照法律、行政法规规定的权限和程序，对事故发生单位和有关人员进行行政处罚，对负有事故责任的国家工作人员进行处分。

事故发生单位应当按照负责事故调查的人民政府的批复，对本单位负有事故责任的人员进行处理。

负有事故责任的人员涉嫌犯罪的，依法追究刑事责任。

第三十三条　事故发生单位应当认真吸取事故教训，落实防范和整改措施，防止事故再次发生。防范和整改措施的落实情况应当接受工会和职工的监督。

安全生产监督管理部门和负有安全生产监督管理职责的有关部门应当对事故发生单位落实防范和整改措施的情况进行监督检查。

第三十四条　事故处理的情况由负责事故调查的人民政府或者其授权的有关部门、机构向社会公布，依法应当保密的除外。

2. 事故的法律责任

根据国家有关规定［《生产安全事故报告和调查处理条例》（国

务院令第493号)]，职工伤亡事故的处理应当按照以下原则来审批结案：

第三十五条　事故发生单位主要负责人有下列行为之一的，处上一年年收入40%～80%的罚款；属于国家工作人员的，并依法给予处分；构成犯罪的，依法追究刑事责任。

(1) 不立即组织事故抢救的。

(2) 迟报或者漏报事故的。

(3) 在事故调查处理期间擅离职守的。

第三十六条　事故发生单位及其有关人员有下列行为之一的，对事故发生单位处100万元以上500万元以下的罚款；对主要负责人、直接负责的主管人员和其他直接责任人员处上一年年收入60%～100%的罚款；属于国家工作人员的，并依法给予处分；构成违反治安管理行为的，由公安机关依法给予治安管理处罚；构成犯罪的，依法追究刑事责任：

(1) 谎报或者瞒报事故的。

(2) 伪造或者故意破坏事故现场的。

(3) 转移、隐匿资金、财产，或者销毁有关证据、资料的。

(4) 拒绝接受调查或者拒绝提供有关情况和资料的。

(5) 在事故调查中作伪证或者指使他人作伪证的。

(6) 事故发生后逃匿的。

职工伤亡事故处理结案后，要在全体职工大会上或以通知、通告或公开宣布处理结案。对有关人员的处分决定，要装入本人档案。劳动部门和有关部门对处理结果执行情况要进行监督检查。

3. 事故资料归档保存

伤亡事故处理结案后，应将下列事故资料归档保存：

（1）职工伤亡事故登记表。

（2）职工死亡、重伤事故调查报告书及批复。

（3）现场调查记录、图样、照片。

（4）技术鉴定和试验报告。

（5）物证、人证材料。

（6）直接和间接经济损失材料。

（7）事故责任者自述材料。

（8）医疗部门对伤亡人员的诊断书。

（9）发生事故的工艺条件、操作情况和设计资料。

（10）处分决定和受处分人员的检查材料。

（11）事故通报、简报及文件。

（12）注明参加调查组的人员姓名、职务、单位。

事故资料的保存（归档）方式除书面记录、照片（图片）等普通方式外，一些重要的资料应尽可能利用现代化的手段，如磁盘、光盘、缩微胶片等进行保存，这样，既便于查阅，又能长期保存。通常情况下，每起事故应单独建立相应的事故档案。建立事故档案时，应按照国家的有关档案标准进行，使事故档案工作标准化，为今后事故的统计分析工作发挥其应有的作用。

六、工伤保险

1. 工伤保险的概念

工伤保险也称职业伤害保险，是对劳动过程中遭受人身伤害（包括事故伤残和职业病以及因这两种情况造成死亡）的职工、遗属提供经济补偿的一种社会保险制度。

实行工伤保险的目的，在于预防工伤事故，补偿职业伤害的经济损失，保障工伤职工及其家属的基本生活水准，减轻企业负担，同时保证社会经济秩序的稳定。

工伤保险的实施范围为“我国境内的企业及职工”。

2. 我国的工伤保险制度

我国的工伤保险制度始于20世纪50年代初，至1996年8月，劳动部颁布了《企业职工工伤保险试行办法》，使我国企业工伤保险进入了一个崭新的时代。

《企业职工工伤保险试行办法》已被2004年1月1日起施行的《工伤保险条例》替代，而2010年12月8日国务院第136次常务会议通过《国务院关于修改〈工伤保险条例〉的决定》（中华人民共和国国务院令第375号）取代原《工伤保险条例》，并于2011年1月1日起施行。

《工伤保险条例》的立法目的是保障因工作遭受事故伤害或者患职业病的职工获得医疗救治和经济补偿，促进工伤预防和职业康复，分散用人单位的工伤风险。《工伤保险条例》自施行以来，对于及时救治和补偿受伤职工，保障工伤职工的合法权益，分散用人单位的工伤风险，发挥了重要作用。

（1）扩大了工伤保险适用范围。草案规定：“除现行规定的企业和有雇工的个体工商户以外，不参照公务员法管理的事业单位、社会团体，以及民办非企业单位、基金会、律师事务所、会计师事务所等组织也应当参加工伤保险。”

（2）扩大了上下班途中的工伤认定范围。草案规定：“除现行规定的机动车事故以外，职工在上下班途中受到非本人主要责任的非机动车交通事故或者城市轨道交通、客运轮渡、火车事故伤害，也应当认定为工伤。”

(3) 简化了工伤认定、鉴定和争议处理程序。草案规定：“对于事实清楚、权利义务明确的工伤认定申请，应当在15日内做出认定决定。同时明确了再次鉴定和复查鉴定的时限，取消了行政复议前置程序。”

(4) 提高了一次性工亡补助金和一次性伤残补助金标准。一次性工亡补助金标准调整为上一年度全国城镇居民人均可支配收入的20倍。一次性伤残补助金按照伤残级别增加1～3个月职工本人工资。

(5) 增加了工伤保险基金支出项目。将工伤预防费用增列为基金支出项目，将由用人单位支付的一次性工伤医疗补助金、住院伙食补助费和到统筹地区以外就医所需的交通、食宿费改由基金支付。同时，草案加大了对不参保单位的处罚力度，加强了对未参保用人单位工伤职工的权益保障。

以上诸项改革措施及整个工伤保险新体制的诞生，使我国工伤保险与国际惯例接轨，走向了良性发展的轨道。

第五章 职业危害与防治

第一节 职业危害因素及职业病

在生产环境和劳动过程中存在的可能危害人体健康的因素，称为职业危害因素。职业病是指员工在生产劳动及其他职业活动中，因接触职业危害因素而引起的疾病。那么，在劳动过程中存在哪些职业危害因素？有什么危害？怎样避免危害？掌握这些知识对员工做好自我保护是非常必要的。

一、不同生产工艺过程中存在的主要职业危害因素

1. 铸造

（1）生产性粉尘。铸造车间所用原料（砂、陶土、黏土、煤粉等）均含有游离二氧化硅，在型砂配制、造型、铸件的打箱和清理等过程中均会产生粉尘。

（2）高温、热辐射。铸造车间的加热炉、干燥炉、熔化的金属和铸件等都是热源，在熔炼和浇铸过程中，均可产生强烈的热辐射，使车间温度升高。

（3）有害气体。在熔炼和浇铸过程中，可产生一氧化碳（CO）；用脲甲醛树脂做型芯黏结剂时，会产生甲醛和氨；蜡型铸造时，则会

产生大量的氨。

（4）噪声和振动。铸造车间压力造型时使用造型机和捣固机，清砂时使用风动工具和砂轮，这些均可产生强烈的噪声和振动。

2. 锻造

（1）高温和热辐射。旧式或中小型锻造车间的锻炉，常是敞开式的，温度可达800～900℃，通过辐射和对流，可将热辐射到整个车间内。应用加热炉时，当投入或取出锻件时，炉子附近的气温可达35～45℃，热辐射也很强。

（2）有害气体。锻造车间的空气，常会被锻炉或加热炉产生的一氧化碳（CO）、二氧化硫等污染。

（3）噪声与振动。使用各种锻锤时，均可发出极大的噪声和振动，工龄较长的工人可能会因此而患上职业性耳聋疾病。

3. 机械加工

在机械加工过程中，有金属和矿物性粉尘产生，在粗磨和精磨过程中，也有大量粉尘产生，对人体有一定危害。

4. 焊接

（1）粉尘。采用电弧焊接时，焊条的焊芯、药皮和金属母材在电弧高温下熔化并经激烈的过热、蒸发、氧化，会产生大量的金属氧化物及其他物质的烟尘，呈气溶胶状逸散于空气中。

（2）紫外线。电焊时会产生强烈的紫外线，气焊时产生紫外线的强度较弱。

（3）在焊接电弧高温下会产生O_3、NO、NO_2及CO等有害气体。

5. 电镀

（1）镀前处理中的去油、除锈作业，常用到汽油、煤油、乙醇、三氯乙烯、氢氧化钠、盐酸、硫酸、硝酸等化学物质，其中一些化学物质对人体有害。

(2) 电镀时，会出现各种金属盐的酸雾、氰化氢等。

(3) 当进行出光、钝化时，多把镀件放在酸液中处理，故易使酸液溅伤皮肤。

6. 喷涂

喷涂所使用的油漆中含有对人体有害的有毒物质——苯。

二、职业危害因素对人体的伤害

接触工业有毒物质，可能引起各种职业中毒，如汞中毒、苯中毒、一氧化碳（CO）中毒等。长期接触粉尘，可能引起各种尘肺病。在高温和强烈热辐射条件下作业，可能引发热辐射病、热痉挛、日射病。长期在高噪声环境中作业，强烈的噪声作用于听觉器官，可引起职业性耳聋疾病。长期操作振动设备，如锻造机、冲压机、砂轮机等，会造成手臂振动病。

三、职业病

1. 构成职业病的条件

职业病的发生取决于下列三个主要条件：

(1) 职业危害因素的性质。

(2) 职业危害因素作用于人体的量。职业危害因素的量及浓度是确诊是否患职业病的重要参考依据，而作用剂量是接触浓度或强度与接触时间的乘积。

(3) 人体的健康状况。在同一职业危害的作业环境中，由于个体特征的差异，各人所受的影响可能有所不同。这些个体特征包括性别、年龄、健康状态、营养状况等。

2. 职业病目录

2013 年 12 月 23 日公布的《职业病分类目录》（国卫疾控发〔2013〕48 号）共包括 10 类 132 种职业病。其中尘肺病包括矽肺等 13 种；其他呼吸系统疾病包括过敏性肺炎等 6 种；职业性放射性疾病包括外照射急性放射病等 11 种；职业性化学中毒包括铅及其化合物中毒（不包括四乙基铅）等 60 种；物理因素所致职业病包括中暑等 7 种；职业性传染病包括炭疽等 5 种；职业性皮肤病包括接触性皮炎等 9 种；职业性眼病包括化学性眼部灼伤等 3 种；职业性耳鼻喉口腔疾病包括噪声聋等 4 种；职业性肿瘤包括石棉所致肺癌、间皮瘤等 11 种；其他职业病包括金属烟热等 3 种。

第二节 职业危害因素及预防

一、工业毒物的危害及防护措施

1. 工业毒物的产生

在生产过程中使用或产生的各种对人体有害的化学毒物称为工业毒物。工业毒物可能存在于生产过程的各个环节，生产中的原料、辅料、半成品、成品、副产品、废弃物等，都可能是工业毒物的来源。

2. 工业毒物对人体的危害

（1）毒物对人体危害的范围。工业毒物可经皮肤、呼吸道或消化道进入人体，损害几乎所有的人体组织和器官，导致多种疾病甚至造成急性中毒死亡，而且有些可产生遗传后果。

1）神经系统：神经系统由中枢神经（包括脑和脊髓）和周围神经（由脑和脊髓发出，分布于全身皮肤、肌肉、内脏等处）组成。

有毒物质可损害中枢神经和周围神经。主要侵犯神经系统的毒物称为“亲神经性毒物”，可引起神经衰弱综合征、周围神经病、中毒性脑病等。

2）呼吸系统：在工业生产中，呼吸道最易接触毒物，特别是刺激性毒物，一旦吸入，轻者引起呼吸道炎症，重者发生化学性肺炎或肺水肿。常见引起呼吸系统损害的毒物有氯气、氨、二氧化硫、光气、氮氧化物，以及某些酸类、酯类、磷化物等。

3）血液系统：在工业生产中，有许多毒物能引起血液系统损害。例如，苯、砷、铅等，能引起贫血；苯、巯基乙酸等能引起粒细胞减少症；苯的氨基和硝基化合物（如苯胺、硝基苯）可引起高铁血红蛋白血症，患者突出的表现为皮肤、黏膜青紫；氧化砷可破坏红细胞，引起溶血；苯、三硝基甲苯、砷化合物、四氯化碳等可抑制造血机能，引起血液中红细胞、白细胞和血小板减少，发生再生障碍性贫血。苯可致白血症已得到公认，其发病率为14/10万。

4）消化系统：有毒物质对消化系统的损害很大。例如，汞可致汞毒性口腔炎，氟可导致“氟斑牙”；汞、砷等毒物，经口侵入可引起出血性胃肠炎；铅中毒，可有腹绞痛；黄磷、砷化合物、四氯化碳、苯胺等物质可致中毒性肝病。

5）泌尿系统：经肾随尿排出是有毒物质排出体外的最重要的途径，加之肾血流量丰富，易受损害。泌尿系统各部位都可能受到有毒物质损害，如慢性铍中毒常伴有尿路结石，杀虫脒中毒可出现出血性膀胱炎等，但常见的还是肾损害。不少生产性毒物对肾有毒性，尤以重金属和卤代烃最为突出。

6）其他：生产性毒物还可引起皮肤、眼睛、骨骼病变。许多化学物质可引起接触性皮炎、毛囊炎；接触铬、铍的工人，皮肤易发生溃疡；如长期接触焦油、沥青、砷等可引起皮肤黑变病，并可诱发皮肤癌；酸、碱等腐蚀性化学物质可引起刺激性眼炎，严重者可引起化学性灼伤；溴甲烷、有机汞、甲醇等中毒，可导致视神经萎缩，以致失明；有些工业毒物还可诱发白内障。

（2）职业中毒的类型。在劳动生产过程中，由于接触工业毒物而引起的中毒称为职业中毒。

按接触毒物时间的长短、剂量大小和发病缓急的不同，职业中毒表现为急性、亚急性和慢性三种类型。

1）急性中毒。短时间内大量毒物侵入人体引起的中毒称为急性中毒。

2）慢性中毒。长期吸收小剂量毒物引起的中毒称为慢性中毒。

3）亚急性中毒。介于急性中毒和慢性中毒之间，在较短时间内吸收较大剂量毒物引起的中毒称为亚急性中毒。

（3）常见的职业中毒。机械制造行业常见的职业中毒包括：

1）一氧化碳（CO）中毒。熔炼金属过程中，如防护措施不到位可发生一氧化碳（CO）中毒。

2）苯中毒。喷涂所使用的油漆中含有苯，如果通风不良或无吸尘吸毒装置，容易造成苯中毒。

3. 预防措施

（1）消除毒物。从生产工艺流程中消灭有毒物质，用无毒物或低毒物代替有毒原料，改革可能产生有害因素的工艺过程，改造技术设备，实现生产的密闭化、连续化、机械化和自动化，使作业人员脱离或减少直接接触有害物质的机会。

（2）密闭、隔离有害物质污染源，控制有害物质逸散。对逸散到作业场所的有害物质采取通风措施，控制有害物质的飞扬、扩散。

（3）加强个人防护。在存在有毒有害物质的作业场所作业，应使用防护服、防护面具、防毒面罩、防尘口罩等个人防护用品及用具。

（4）提高机体抗御力。对于在有害物质作业场所作业的人员，应享受必要的保健待遇，并且作业人员应加强营养和锻炼。

（5）加强对有害物质的监测，控制有害物质的最高浓度，使其低于国家有关标准。

（6）对接触有害物质的人员定期进行健康检查。必要时实行转岗、换岗作业。

（7）加强对有毒有害物质及预防措施的宣传教育。建立健全安全生产责任制、卫生责任制和岗位责任制。

二、粉尘的危害及防护措施

1. 粉尘的产生和分类

在机械制造生产过程中，产生粉尘的作业很多，主要有型砂调制、制型、铸件打箱和清理作业，机加工的打磨作业，焊接作业，煤传输和加热作业。

（1）在大气污染控制中，根据大气中粉尘微粒的大小可分为：

1）可吸入颗粒物，是指大气中粒径小于 10 μm 的固体微粒，它能较长期地在大气中飘浮，有时也称为浮游粉尘（旧称飘尘）。

2）降尘，是指大气中粒径大于 10 μm 的固体微粒，在重力作用下，它可在较短的时间内沉降到地面。

3）总悬浮微粒，是指大气中粒径小于 100 μm 的所有固体微粒，也称为总悬浮颗粒物。

(2) 按其性质一般分为以下几类：

1）无机粉尘：矿物性粉尘，如石英、石棉、滑石、煤等；金属性粉尘，如铁、锡、铝、锰、铅、锌等；人工无机粉尘，如金刚砂、水泥、玻璃纤维等。在对金属打磨、抛光的过程中会产生金属粉尘。

2）有机粉尘：动物性粉尘，如毛、丝、骨质等；植物性粉尘，如棉、麻、草、甘蔗、谷物、木、茶等；人工有机粉尘，如有机农药、有机染料、合成树脂、合成橡胶、合成纤维等。

3）混合性粉尘是上述各类粉尘，以两种以上物质混合形成的粉尘，在生产中这种粉尘最多见。

2. 粉尘的危害

(1) 对人体的危害。长期接触生产性粉尘的作业人员，因长期吸入粉尘，使肺内粉尘的积累逐渐增多，当达到一定数量时即可引发尘肺病。尘肺是生产性粉尘对人体的最主要的危害之一，长期吸入游离二氧化硅粉尘可引发矽肺，长期吸入金属粉尘如镍、铬、铬酸盐的粉尘，或长期接触放射性矿物粉尘，容易生成肺癌；石棉粉尘可引起皮癌。长期接触生产性粉尘还可引发鼻炎、咽炎、支气管炎等呼吸道疾病以及皮肤黏膜损害、皮疹、皮炎、结膜炎。吸入有害物质粉尘还可引起急性或慢性职业中毒，例如，焊接作业长期吸入锰尘可引发锰中毒，铅熔炼作业人员易引发铅中毒等。

(2) 对生产的危害。作业场所空气中的粉尘附着于高级、精密的仪器、仪表，可使这些设备的精确度下降；附着于机器设备的传动、运转部位，会使磨损加剧，使设备使用寿命缩短；粉尘可以使某些化工产品、机械产品、电子产品，如油漆、胶片、微型轴承、电动机、集成电路等质量下降；使人在生产过程中视线受影响，降低工作效率。

(3) 对环境的危害。飘浮于空气中的粉尘可使其他有害物质附着于其上，形成严重的大气污染。被生物体吸入可引起各种疾病；文物、古迹、建筑物表面会被腐蚀、污染。另外，大量粉尘悬浮于空气中，可降低大气的可见度，促使烟雾形成，使太阳的热辐射受到影响。

(4) 对经济效益的影响。主要表现为使产品质量降低，产品合格率降低；因机器、设备使用寿命缩短，使固定资产投入增加，产品成本上升，市场竞争力减弱；使因粉尘而导致的职业病病人丧失工作能力，医药费用、护理费用、保健福利性费用支出增加；在高浓度粉尘作业场所工作，操作者对健康的担心会使心理负担加重，使之比正常情况下较早地失去工作能力，使企业培养技术人员周期加快，培训费用投入增大，同时造成劳动生产率的不稳定。

3. 防尘措施

(1) 工艺改革。以低粉尘、无粉尘物料代替高粉尘物料，以不产尘设备、低产尘设备代替高产尘设备是减少或消除粉尘污染的根本措施。

(2) 密闭尘源。使用密闭的生产设备或者将敞口设备改成密闭设备，这是防止和减少粉尘外逸，减少作业场所空气污染的重要措施。

(3) 通风排尘。设备无法密闭或密闭后仍有粉尘外逸时，要采取通风的方法，将产尘点的含尘气体直接抽走，确保作业场所空气中的粉尘浓度符合国家卫生标准。

(4) 个人防护措施。在粉尘无法控制或在高浓度粉尘环境中作业时，必须合理、正确使用防尘口罩、防尘服等劳动防护用品及用具。

(5) 卫生保健措施。定期对接尘人员进行体检，对从事特殊作业的人员应发放保健津贴，有作业禁忌证的人员，不得从事接触粉尘作业。

(6) 维护检查。加强对使用的各种除尘设备的检查、维护，确保设备良好、高效运行。

三、噪声的危害及防护措施

噪声对人体也会产生危害，员工在生产作业过程中会受到生产性噪声的侵害。因此，掌握一些噪声防护的知识有利于保障员工的健康。在生产中，由于机器转动、气体排放、工件撞击与摩擦等所产生的噪声称为生产性噪声。

1. 生产性噪声的分类和危害

(1) 噪声的分类

1) 空气动力性噪声，又称气流噪声，是因气体流动时的压力、速度波动产生的，如喷气式飞机、风机叶片旋转产生的噪声，管道噪声等。

2) 机械性噪声，由固体振动、金属摩擦、构件碰撞、不平衡旋转、零件撞击等产生的噪声，如冲击力做功的机械产生的噪声等。

3) 电磁性噪声，因电磁作用引起振动产生，如变压器、励磁机噪声等。

(2) 噪声对人体的危害

1) 损害听觉。短时间暴露在噪声中，可引起以听力减弱、听觉敏感性下降为主要表现特征的听觉疲劳。长期在高强度噪声环境中作业，可引起永久性耳聋。

2) 引起各种病症。长时间接触高强度噪声，除会引起职业性耳聋外，还可引发消化不良、食欲不振、恶心、呕吐、头痛、心跳加快、血压升高、失眠等全身性病症。

3）引起事故。强烈噪声可导致某些机器、设备、仪表的损坏或精度下降；在某些场所，强烈的噪声可掩盖警告声响，引起设备损坏或人员伤亡事故。

（3）产生噪声的主要工艺。铸造车间、锻造车间、打磨车间、冲压车间等，这些车间的噪声一般都比较高，超过了85 dB。

2. 预防噪声危害的措施

（1）控制噪声源。根据具体情况采取适当的措施，控制或消除噪声源，采用无声或低声设备代替发出强噪声的设备，这是从根本上解决噪声危害的一种办法。

（2）控制噪声的传播。采用吸声材料装饰在车间的内表面，如墙壁或房顶，或在工作场所内悬挂吸声体，吸收辐射和反射的声能，使噪声强度降低。具有较好的吸声效果的材料有玻璃棉、矿渣棉、棉絮等。为了防止通过固体传播的噪声，必须在机器或振动体的基础与地面、墙壁连接处设隔振或减振装置。

（3）个体防护。对于因各种原因，生产场所的噪声强度暂时不能得到控制，或需要在特殊高噪声条件下工作时，佩戴个人防护用品是保护听觉器官的一项有效措施。最常用的是耳塞，一般由橡胶或软塑料等材料制成，根据外耳道形状设计成大小不等的各种型号，可使噪声声级降低25～30 dB。此外还有耳罩、帽盔等，其隔声效果优于耳塞，耳罩可使噪声声级降低30～40 dB。

（4）健康监护。定期对接触噪声的工人进行健康检查，特别是听力检查，观察听力变化情况，以便早期发现听力损伤，及时采取有效的防护措施。噪声作业工人应进行就业前体检，取得听力的基础材料，凡是有听觉器官疾患、中枢神经系统和心血管系统器质性疾患或自主神经功能失调者，不宜参加强噪声作业。

（5）合理安排劳动和休息。噪声作业工人应适当安排工间休息，休息时应离开噪声环境，以消除听觉疲劳。应经常检测车间噪声，监督检查预防措施执行情况及效果。

四、振动的危害及防护措施

在生产过程中，按振动作用于人体的方式，可将其分为局部振动和全身振动。一些工种所受的振动以局部振动为主，一些工种所受的振动以全身振动为主，有些工种作业则同时受两种振动的作用。局部振动是生产中最常见和危害性较大的振动。

1. 生产性振动源及其危害

（1）生产性振动源。在生产过程中，由于设备运转、撞击或运输工具行驶等产生的振动称为生产性振动。生产过程中经常接触的振动源有：

1）风动工具，如铆钉机、凿岩机、风铲、风钻、捣固机等。

2）电动工具，如电钻、冲击钻、砂轮、电锤等。

3）运输工具，如汽车、火车、飞机、轮船、摩托车等。

4）农业机械，如拖拉机、脱粒机、收割机等。

（2）生产性振动对人体的危害

1）局部振动对人体的危害

①对神经系统的影响。表现为大脑皮层功能下降，条件反射潜伏期延长或缩短，皮肤感觉迟钝，触觉、温热觉、痛觉、振动觉功能下降等。

②对心血管系统的影响。出现心动过缓、窦性心律不齐、传导阻

滞等病症。

③对肌肉系统的影响。出现握力下降、肌肉萎缩、肌纤维颤动和疼痛等症状。

④对骨组织的影响。可引起骨和关节改变，出现骨质增生、骨质疏松、关节变形、骨硬化等病症。

⑤对听觉器官的影响。表现为听力损失和语言能力下降。

2）全身振动对人体的危害：全身振动常引起足部周围神经和血管变化，出现足痛、易疲劳、腿部肌肉触痛等病症。还常引起脸色苍白、出冷汗、恶心、呕吐、头痛、头晕、食欲不振、胃机能障碍、肠蠕动不正常等病症。

2. 防止振动危害的措施

（1）局部振动的减振措施

1）改革工艺。用液压机、焊接和高分子粘连工艺代替铆接工艺，用液压机代替锻压机等可以大大减少振动的发生源。

2）改革工作制度，专人专机，合理使用减振劳动防护用品。

3）建立合理的劳动制度，限制作业人员每日接触振动的时间。

（2）全身振动的减振措施

1）在有可能产生较大振动设备的周围设置隔离地沟，衬以橡胶、软木等减振材料，以确保振动不外传。

2）对振动源采取减振措施，如用弹簧等减振阻尼器减小振动的传递距离；给汽车等运输工具的座椅加泡沫垫等，以减弱运行中由各种振源传来的振动。

3）利用尼龙机件代替金属机件，可减小机器的振动。

4）及时检修机器，可以防止因零件松动而引起的振动；同时消除机器运行中的空气流和涡流等也可减小振动。

五、高温作业的危害及防护措施

工作地点气温在30℃以上、相对湿度为80%以上的作业，或工作地点气温高于夏季室外气温2℃以上，且伴有强烈热辐射的作业，均属于高温强热辐射作业。

1. 高温作业的产生及对人体的危害

（1）高温源。在机械制造行业的某些生产工艺中，由于需要提供热源才能生产，因此产生了高温作业。产生高温的作业场所有铸造车间、锻造车间、热处理车间等。

（2）高温作业对人体的危害

1）对循环系统的影响。高温作业时，皮肤血管扩张，大量出汗使血液浓缩，易使心脏活动增加、心跳加快、血压升高、心血管负担增加。

2）对消化系统的影响。高温对唾液分泌有抑制作用，并可使胃液分泌减少，胃蠕动减慢，造成食欲不振；大量出汗和氯化物的丧失，也可使胃液酸度降低，易造成消化不良；此外，高温可使小肠的运动减慢，导致其他胃肠道疾病。

3）对泌尿系统的影响。高温下，人体的大部分体液由汗腺排出，从而使尿液浓缩，肾脏负担加重。

4）对神经系统的影响。在高温及热辐射作用下，肌肉的工作能力下降，动作的准确性、协调性、反应速度及注意力均会降低。

2. 防暑降温的主要措施

（1）宣传教育。教育员工遵守高温作业安全规程和卫生保健制度。

(2) 制定合理的劳动休息制度。高温下作业应尽量缩短工作时间，可采取实行小换班、增加工作休息次数、延长午休时间等方法。休息地点应远离热源，并应备有清凉饮料、风扇、洗澡设备等。有条件的可在休息室安装空调或采取其他防暑降温措施。

(3) 改革工艺过程。合理设计或改革生产工艺过程，改进生产设备和操作方法，尽量实现机械化、自动化、仪表控制，消除高温和热辐射对人的危害。

(4) 隔热。以水隔热效果最好，能最大限度地吸收热辐射。利用石棉、玻璃纤维等导热系数小的材料包敷热源也有较好的隔热效果。

(5) 通风。利用自然通风或机械通风的方法，交换车间内外的空气。

第三节　职业卫生管理

一、职业病危害项目申报

2012年4月27日，国家安全生产监督管理总局颁布《职业病危害项目申报办法》（国家安全生产监督管理总局令第48号），要求在中华人民共和国境内存在或者产生职业危害的生产经营单位（煤矿企业除外），应当按照国家有关法律、行政法规及本办法的规定，及时、如实向所在地安全生产监督管理部门申报危害项目，并接受安全生产监督管理部门的监督管理。

1. 申报的基本要求

职业病危害项目申报工作实行属地分级管理，用人单位应当按照规定对本单位的职业病危害项目进行检测、评价，并按照职责分工向其所在地县级以上人民政府安全生产监督管理部门申报。

职业病危害项目申报同时采取电子数据和纸质文本两种方式。用人单位应当首先通过“职业病危害项目申报系统”进行电子数据申报，同时将《职业病危害项目申报表》加盖公章并由本单位主要负责人签字后，按照本办法第四条和第五条的规定，连同有关文件资料一并上报所在地设区的市级、县级安全生产监督管理部门。

2. 申报内容

用人单位申报职业病危害项目时，应当提交《职业病危害项目申报表》和下列文件、资料：

(1) 用人单位的基本情况。

(2) 工作场所职业病危害因素的种类、分布情况以及接触人数。

(3) 法律法规和规章规定的其他文件、资料。

3. 申报的时间要求

用人单位下列事项发生重大变化的，应当按照以下规定向原申报机关申报变更。

(1) 进行新建、改建、扩建、技术改造或者技术引进建设项目的，自建设项目竣工验收之日起30日内进行申报。

(2) 因技术、工艺、设备或者材料发生变化导致原申报的职业病危害因素及其相关内容发生重大变化的，自发生变化之日起15日内进行申报。

(3) 用人单位工作场所、名称、法定代表人或者主要负责人发生变化的，自发生变化之日起15日内进行申报。

(4) 经过职业病危害因素检测、评价，发现原申报内容发生变化的，自收到有关检测、评价结果之日起15日内进行申报。

（5）用人单位终止生产经营活动的，应当自生产经营活动终止之日起15日内向原申报机关报告并办理注销手续。

二、职业健康管理

1. 材料和设备管理

主要管理工作包括以下内容：

（1）优先采用有利于职业病防治和保护劳动者健康的新技术、新工艺和新材料。

（2）不生产、经营、进口和使用国家明令禁止使用的可能产生职业病危害的设备和材料。

（3）不采用有危害的技术、工艺和材料，不隐瞒其危害。

（4）可能产生职业病危害的设备要有中文说明书，在可能产生职业病危害的设备的醒目位置，要设置警示标志和中文警示说明。

（5）使用、生产、经营可能产生职业病危害的化学品，要有中文说明书；使用放射性同位素和含有放射性物质、材料的，要有中文说明书；有毒物品的包装要有警示标志和中文警示说明。

2. 作业场所管理

主要管理工作包括如下内容：

（1）职业病危害因素的强度或者浓度应符合国家职业卫生标准要求。

（2）生产布局合理，有害作业应与无害作业分开。

（3）在可能发生急性职业损伤的有毒有害作业场所，应安装报警装置，配置现场急救用品、冲洗设备，设置应急撤离通道和必要的泄险区。

（4）放射作业场所应设报警装置，放射性同位素的运输、储存应配置报警装置。

(5) 一般有毒作业应设置黄色区域警示线，高毒作业场所应设红色区域警示线。

(6) 高毒作业应设淋浴间、更衣室、物品存放专用间，还应为女工设冲洗间。

3. 职业病防护设施和个人防护用品

主要管理工作包括如下内容：

(1) 职业病危害防护设施台账齐全。

(2) 职业病危害防护设施配备齐全。

(3) 职业病危害防护设施有效。

(4) 有个人职业病危害防护用品计划，并组织实现；按标准配备符合职业病防治要求的个人防护用品。

(5) 有个人职业病危害防护用品发放登记记录，及时维护、定期检测职业病危害防护设施、应急救援设施和个人职业病危害防护用品。

4. 履行告知义务

主要管理工作包括如下内容：

(1) 签订劳动合同，并在合同中载明可能产生的职业病危害及其后果，载明职业病危害防护措施和待遇。

(2) 在醒目位置公布有关职业病防治的规章制度、操作规程、职业病危害事故应急救援措施、作业场所职业病危害因素监测和评价的结果。

(3) 告知劳动者职业病健康体检结果；对于患职业病或有职业禁忌的劳动者，企业应告知其本人。

5. 职业卫生培训

主要管理工作包括如下内容：

（1）用人单位的主要负责人、管理人员应接受职业卫生培训。

（2）对上岗前的劳动者进行职业卫生培训。

（3）定期对劳动者进行在岗期间的职业卫生培训。

三、职业健康监护

职业健康监护是职业病危害防治的一项主要内容。通过健康监护，不仅可以起到保护员工健康、提高员工健康素质的作用，而且也便于早期发现疑似职业病病人，使其及早得到治疗。职业健康监护工作的开展，必须有专职人员负责，并建立健全职业健康监护档案。

1．职业健康监护的主要内容

（1）按职业卫生有关法规标准的规定，组织接触职业病危害的作业人员进行上岗前职业健康体检、在岗期间职业健康体检、离岗职业健康体检。未进行离岗职业健康体检，不得解除或者终止劳动合同。

（2）禁止安排有职业禁忌证的劳动者从事其所禁忌的职业活动。

（3）调离并妥善安置有职业健康损害的作业人员。

《职业健康监护技术规范》（GBZ 188—2014）对接触各种职业病危害因素的作业人员的职业健康体检周期与体检项目给出了具体规定。

2．职业健康监护档案

职业健康监护档案每人1份，包括劳动者的职业史、职业病危害接触史、职业健康检查结果和职业病诊疗等个人健康资料。用人单位应妥善保存职业健康监护档案。从业人员有权查阅、复印本人的职业健康档案，离开用人单位时有权索取本人的健康监护档案复印件。用人单位应当如实、无偿向劳动者提供其本人的健康档案，并在所提供的复印件上盖章。

第六章 事故应急救援与处置措施

第一节 事故应急救援与处置基础知识

一、应急救援的基本任务

事故应急救援是指通过事前计划和应急措施，在事故发生时采取消除、减少事故危害和防止事故恶化，最大限度地降低事故损失而采取的措施。在生产过程中一旦发生事故，往往造成惨重的生命、财产损失和环境破坏。由于自然或人为、技术等原因，当事故或灾害不可避免的时候，建立重大事故应急救援体系，组织及时有效的应急救援行动，已成为抵御事故风险或控制灾害蔓延、降低危害后果的关键，甚至是唯一手段。

事故应急救援的基本任务包括下述几项：

1. 立即组织营救受害人员，组织撤离或者采取其他措施保护危害区域内的其他人员。抢救受害人员是首要任务。在应急救援行动中，快速、有效、有序地实施现场急救与安全转送伤员，是降低伤亡率、减少事故损失的关键。由于重大事故发生突然、扩散迅速、涉及范围广、危害大，应及时指导和组织群众采取各种措施进行自身防护，必要时迅速撤离出危险区域或可能受到危险的区域。在撤离过程中，应积极组织群众开展自救和互救工作。

2. 迅速控制事态，并对事故造成的危害进行检测、监测，测定事故的危害区域、危害性质及危害程度。只有及时有效地控制住危险源，防止事故的继续扩散，才能及时有效地进行救援。

3. 消除危害后果，做好现场恢复。

4. 查清事故原因，评估危害程度。事故发生后应及时调查事故的发生原因和事故性质，评估出事故的危害范围和危险程度，总结救援工作中的经验和教训。

二、应急处置的基本原则

1. 安全第一、以人为本

应急处置的最重要原则是保证人的安全。在应急施救过程中，最优先的目标和最重要的举措都是要首先保证人身安全。同时，也要十分注意保护应急队伍自身的安全。实际上，在极端危难的情况下，保护不了自己的安全就无法救护别人。每一个应急指挥员，都有责任保障救援队伍的安全。

2. 早期预警、有备无患

早期预警具有两个功能：一是防止事件发生，在事故即将形成或没有爆发之前，采取应变措施，防范和阻止由预警期进入应急响应期；二是事故发生和扩大蔓延之前，通过预警期的活动能迅速提高警备级别，动员准备力量，加强应急处置能力，把事故控制在应急预案所策划的特定类型或指定区域内，确保事故在演化成危机前进入恢复期。另外，在应急救援过程中，一旦发现异常情况或出现危险迹象，要立即发出预警信号，迅速通知指挥和现场有关人员，采取应变措施。

3. 第一响应、快速处置

事故一旦发生，时间就是生命，应急响应速度与事故后果的严重度密切相关。同时，如果在敏感期处理不够及时，可能使事件性质发生扩大和激变。因此，在事故发生后，必须在极短的时间内就地做出应急反应，在造成严重后果之前采取有效的防护、急救或疏散措施。

4. 统一指挥、协调一致

应急指挥在组织结构上可分为多种形式，但无论采用哪一类指挥系统都必须实行统一指挥的原则，无论涉及应急救援活动的单位的行政级别和隶属关系如何不同，都必须服从应急指挥部的统一指挥协调，统一号令，步调一致，令行禁止。应急指挥最基本的功能就是统一协调执行应急救援任务的各单位之间的活动，使各参与单位既能充分发挥自己的作用，又能相互配合，提高整体效能。

5. 属地为主、资源共享

应急救援遵循属地为主能淡化各级政府应急管理机构的行政级别，提高应急决策的速度和运行效率，有助于资源共享。在特别重大事故的应急管理中，有些事故灾难的情况十分复杂，其影响可能跨越几个地区，涉及众多部门，此时仍然要在应急管理中坚持属地为主和资源共享原则。

6. 控制局面、防止危机

安全生产事故的后果与影响往往难以预料，应急处置略有延误或稍有不慎，就可能改变事故的性质，造成失控，甚至演变为危机，对整个社会的基本价值观、基本准则和社会秩序造成严重威胁。因此，在整个应急响应过程中，必须以防止危机出现为主要战略目标，各项处理措施要坚决果断。

三、事故应急救援与处置程序

1．发现紧急情况后，事故现场人员应立即上报单位领导，如事态严重，应直接拨打相关电话报警。

2．立即疏散事故现场人员。

3．实施警戒治安，避免无关人员进入现场。

4．立即采取现场行之有效的救护措施，对受伤人员实施救护和对事态进行控制。

5．及时将受伤人员送医院救治。

6．及时报告有关救援部门。

四、受伤人员的伤情判断

1．有无意识判断

判断：受伤人员对于问话、拍打肩膀、紧捏手指等刺激均无反应，说明已无意识。

措施：无意识时必须呼救并实施急救措施。

2．有无呼吸判断

判断：目测受伤人员胸部的起伏情况，用耳朵测听呼吸。

措施：保持呼吸道畅通，如果呼吸停止，必须马上进行人工呼吸。

3．有无脉搏判断

判断：测试脉搏时应将指尖轻轻放在受伤人员的颈动脉或股动脉处。

措施：若感觉不到脉搏，则需立即进行胸外心脏按压。

4．有无大出血判断

判断：动脉出血时，血液呈喷射状，血色鲜红，危险性大；静脉出血时，血流较缓慢，血色暗红，呈持续状；毛细血管出血时，血色鲜红，从伤口处渗出，常自动凝固而止血，危险性较小。

措施：必须采取措施立即止血。

五、现场急救初步五项基本技术

1．通气

（1）头后仰法。伤员取仰卧位，头、颈、胸处于同一轴线，达到伸直呼吸道，保持通气，具体操作方法如图 6—1 所示。

图 6—1　头后仰操作法

（2）稳定侧卧法。当伤员多，救护者缺乏，伤员昏迷而有呼吸者可用此法，具体操作方法如图 6—2 所示。

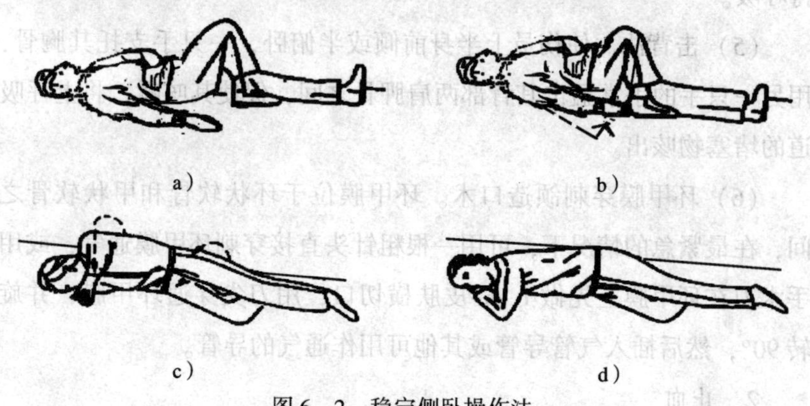

图 6—2　稳定侧卧操作法

1）靠近抢救者一侧腿弯曲，如图 6—2a 所示。

2）同侧手臂置于臀部下方，如图 6—2b 所示。

3）轻柔缓慢地将伤员转向抢救者，如图 6—2c 所示。

4）将位于上方的手置于脸颊下方，下方的手臂置于背后，如图 6—2d 所示。

（3）用手指清理气道。用一只手的拇指、食指拉出舌头，另一只手的食指伸入口腔和咽部，迅速将血块等异物抠出。若伤员牙关闭合，则可将两食指从伤员口角处插入口腔内顶住下牙齿，两拇指与食指交叉用力打开口腔，清理气道；也可用一食指从伤员口角处插入，经颊部与牙齿间进入口腔，并一直伸至上、下臼齿之间，将口张开。若患者有呕吐现象，在没有禁忌证的情况下，应将其头部偏向一侧，防止呕吐物误吸入肺部，引起窒息和其他并发症。

（4）托颌牵舌法。昏迷伤员的舌后坠堵塞声门时，应用手从下颌骨后方托向前侧，将舌牵出使声门通畅，然后用口咽或鼻咽管来维持呼吸。

（5）击背法。使伤员上半身前倾或半俯卧，一只手支托其胸骨，用另一只手的手掌猛击其背部两肩胛骨之间，促使其咳嗽，将上呼吸道的堵塞物咳出。

（6）环甲膜穿刺颌造口术。环甲膜位于环状软骨和甲状软骨之间，在最紧急的情况下，可用一根粗针头直接穿刺环甲膜通气，或用手术刀在环甲膜上先做 1 cm 皮肤横切口，用刀尖穿通环甲膜，并旋转 90°，然后插入气管导管或其他可用作通气的导管。

2. 止血

（1）直接压迫止血法。直接按压出血位置，紧急时可先在出血的大血管处或稍近端用手指加压止血，然后再更换其他方法。

（2）动脉行径按压法

1）头顶、额部和颞部出血。用拇指或食指在伤侧耳前对着下颌关节，用力压迫颞浅动脉（见图6—3）。

2）面部出血。用拇指、食指或中指压迫双侧下颌角前约3 cm的凹陷处，在此处压迫明显搏动的面动脉即可止血（见图6—4）。由于面动脉在面部有很多小分支相互吻合，即使一侧面部出血，也要压迫双侧面动脉。

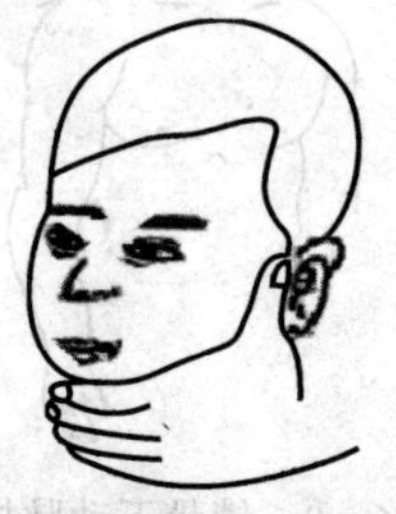

图6—3 颞浅动脉压迫点

图6—4 面部出血指压点

3）一侧耳后出血。用拇指压迫同侧耳后动脉（见图6—5）。

4）头后部出血。用两只手的拇指压迫耳后与枕骨粗隆之间的枕动脉搏动处（见图6—6）。

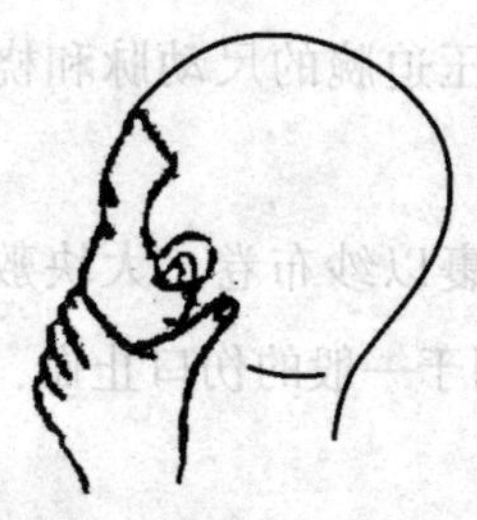

图6—5 一侧耳后出血指压点

图6—6 头后部出血指压点

5）颈部出血。用拇指在同侧气管外侧与胸锁乳突肌前缘中点强烈搏动的颈总动脉，向后、向内（第5颈椎横突处）压下（见图6—7）。此法仅用于非常紧急的情况，压迫时间不宜过长，更不能同时压迫两侧颈动脉；否则，有可能引起脉搏减慢，血压下降，甚至心搏骤停。

6）腋窝和肩部出血。用拇指压迫同侧锁骨上窝中部的锁骨下动脉搏动点，用力方向为向下、向后（见图6—8）。

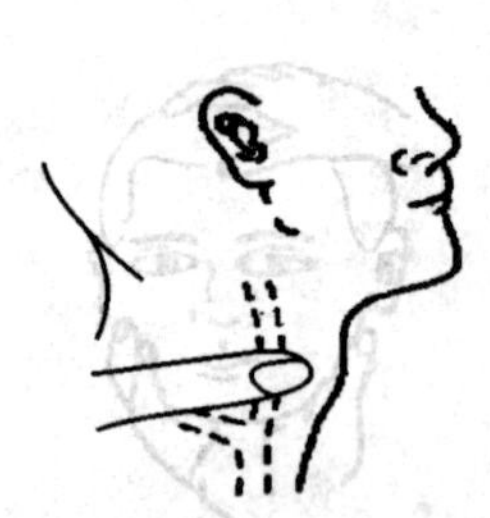

图6—7　颈总动脉出血指压点

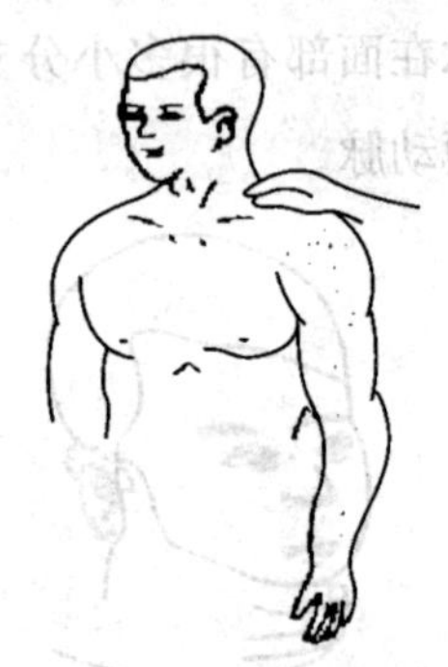

图6—8　锁骨下动脉指压点

7）上肢出血。用四指压迫腋窝部搏动强烈的腋动脉，将它压向肱骨以止血。

8）前臂出血。用手指压迫上臂肱二头肌内侧的肱动脉处（见图6—9）。

9）手掌、手背出血。用两手拇指分别压迫腕的尺动脉和桡动脉搏动处以止血（见图6—10）。

（3）压迫包扎法。在出血位置的伤处裹以纱布卷、大块敷料或三角巾等，然后再适当加压包扎。此法常用于一般的伤口止血，并注意松紧适度。

（4）填塞法。对于深部伤口出血，如肌肉、骨端等，一定要用

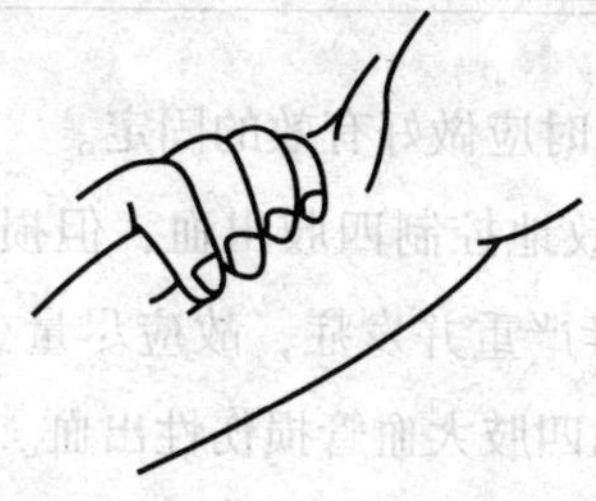
图 6—9　肱动脉指压点

图 6—10　桡、尺动脉指压点

大块纱布条、绷带等敷料填充其中，外面再加压包扎，以防止血液沿组织间隙渗漏。注意，不要将伤裂的皮肤组织、脏物一起塞进去，所用的填塞物一定要尽量无菌或干净，并且应使用大块的敷料，以便既能保证止血效果，又能尽可能避免在随后的进一步处理时将填塞物遗留在伤口内。此法的缺点是止血不够彻底且会增加感染机会。

（5）加垫屈肢止血法。加垫屈肢止血法适用于单纯加压包扎止血无效和无骨折的四肢出血，即前臂出血时，在肘窝部加垫，屈肘；上臂出血时，在腋窝内加垫，上臂紧靠胸壁；小腿出血时，在腘窝加垫，屈膝；膝或大腿出血时，在大腿根部加垫，屈髋，然后用三角巾或绷带将位置固定（见图 6—11）。由于采用此法时伤员痛苦较大，不宜首选，且疑有骨折时忌用此法。

（6）钳夹法。用止血钳直接钳夹出血点最有效、最彻底且损伤最小，建议尽量采用，但需要一定的器械与技术。同时，盲目钳夹有可能损伤并行的血管、神经或其他重要组织。转运搬动时，有可能松脱或撕裂大血管。

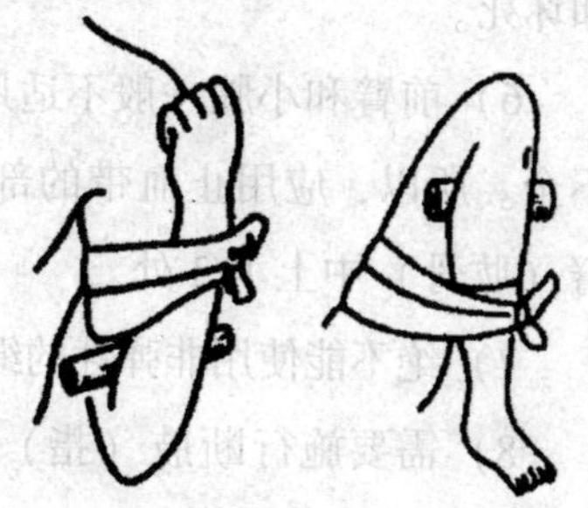
图 6—11　加垫屈肢止血法

因此，此法必须在直视下准确施行，同时应做好有效的固定。

（7）止血带止血法。止血带能有效地控制四肢出血，但损伤最大，可致肢体坏死、急性肾功能不全等严重并发症，故应尽量少用。此法主要用于暂不能用其他方法控制的四肢大血管损伤性出血。

使用止血带应注意以下几点：

1）扎止血带时间越短越好，一般不超过 1 h，如必须延长，则应每隔 1 h 左右放松 1 ~ 2 min，且总时间最长不宜超过 3 h，在放松止血带期间需用指压法临时止血。

2）必须做出显著标志，注明时间、上止血带的原因等，以便按包扎先后顺序进行进一步处置。

3）避免勒伤皮肤，用橡皮管（带）时应先在包扎处垫上数层棉纱或棉布。

4）包扎部位原则上应尽量靠近伤口，以减少缺血范围，但上臂止血带不能包扎在中下 1/3 处，而应在中上 1/3 处，以免损伤桡神经。

5）包扎止血带松紧要适宜，以出血停止、远端摸不到动脉搏动为准。过松达不到止血目的，且会增加出血量；过紧易造成肢体肿胀和坏死。

6）前臂和小腿一般不适用止血带，因有两根长骨，使血流阻断不全。所以，应用止血带的部位实际上只能是大腿（股骨干）和上臂（肱骨）中上 1/3 处。

7）绝不能使用非弹性的绳索、电线，甚至是铁丝等代替止血带。

8）需要施行断肢（指）再植者不应用止血带，如有动脉硬化症、糖尿病慢性肾病等，其伤肢也须慎用止血带。

9）在松止血带时，应缓慢松开，并观察是否还有出血，切忌突然完全松开。

3. 包扎

包扎是一般皮肤创伤所需的现场救护方法，它具有保护创面、减少污染、止血、固定肢体、减少疼痛、防止继续损伤等作用。

创伤包扎的常用材料有清洁的厚棉垫、布带、胶布、绷带、三角巾、四头带等。现场没有上述材料时可就地取材，用毛巾、手帕、衣服等代替。常用的包扎方法有以下几种：

（1）绷带包扎法

1）环形包扎法。如图 6—12 所示，将绷带做成环形重复缠绕肢体数圈后即成。此法适用于头部、颈部、腕部及胸部、腹部等处。

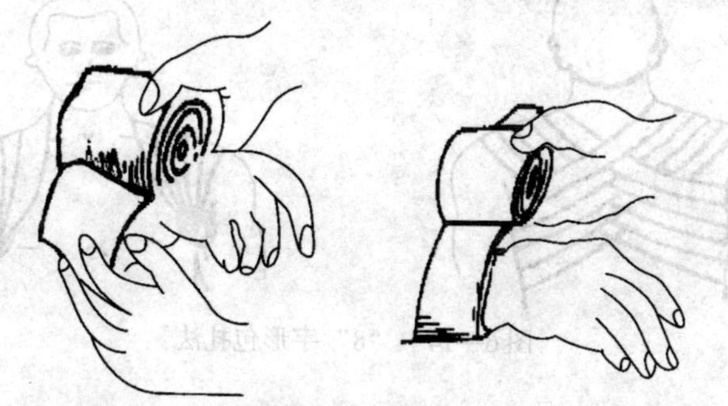

图 6—12　环形包扎法

2）螺旋形包扎法。先环形包扎数圈，然后将绷带渐渐地斜旋上升缠绕，每圈盖过前圈 1/3 ~ 2/3，呈螺旋状。

3）螺旋反折包扎法。如图 6—13 所示，先做两圈环形固定，采用螺旋形包扎法，待到渐粗处，用一只手的拇指按住绷带上面，另一只手将绷带自此点反折向下，此时绷带上缘变成下缘，后圈覆盖前圈 1/3 ~ 2/3。此法主要用于粗细不等的四肢，如前臂、小腿、大腿等。

4）“8”字形包扎法。如图 6—14 所示，先在关节中部环形包扎两圈，然后以关节为中心，从中心向两边缠，一圈向上，一圈向下，两圈在关节屈侧交叉，并压住前圈的 1/2。该法多用于关节处的包扎及锁骨骨折的包扎。

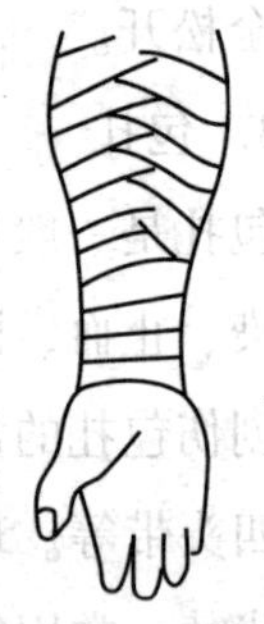

图 6—13 螺旋反折包扎法

将 1 m 长的正方形布对角剪开，在顶角各装一条长 50 cm 的带子，即成为两块三角巾。三角巾用途多样，适用于身体各部位的包扎，如图 6—15 至图 6—18 所示。

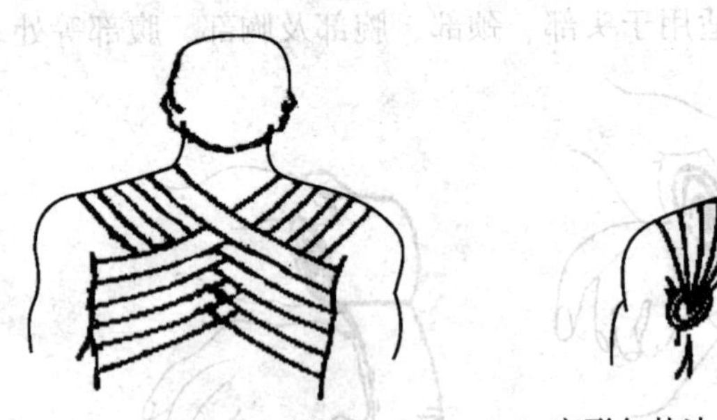

图 6—14 “8”字形包扎法

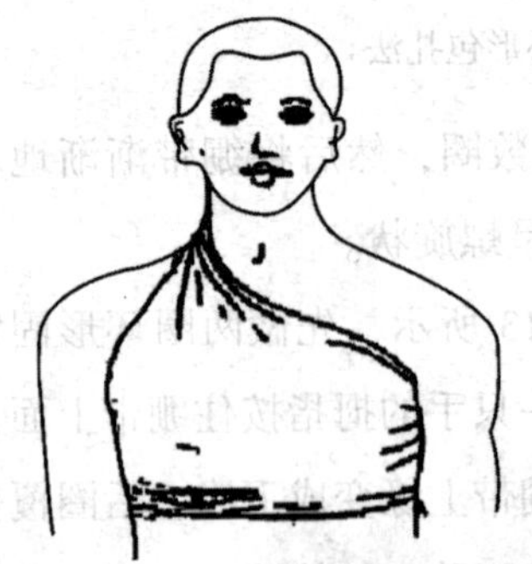

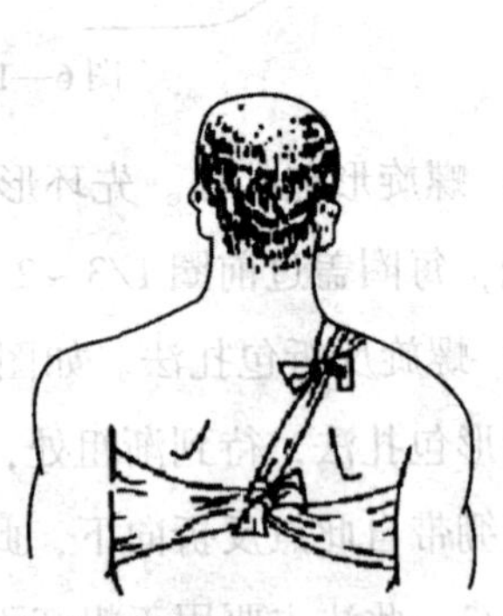

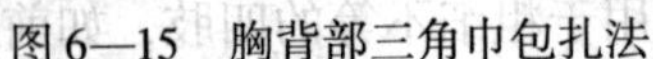

图 6—15 胸背部三角巾包扎法

图 6—16 上肢三角巾包扎法

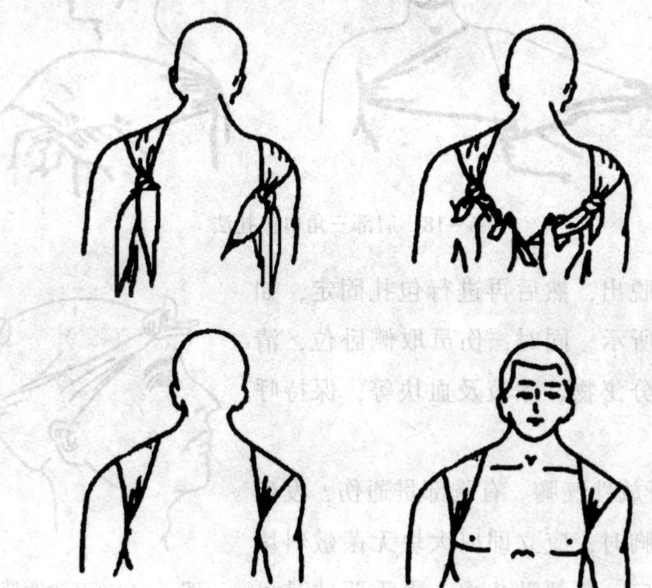

图 6—17 锁骨骨折三角巾包扎法

(2) 几种特殊伤的包扎法

1) 开放性颅脑伤。颅脑伤有脑组织露出时，不要随意还纳，用等渗盐水浸湿了的大块无菌敷料覆盖后，再扣以无菌碗，以阻止脑组

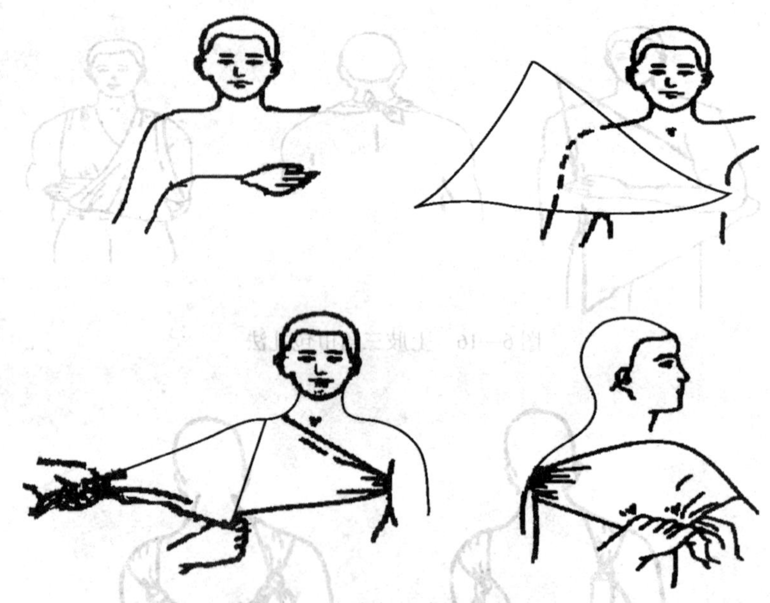

图 6—18 肩部三角巾包扎法

织进一步脱出，然后再进行包扎固定，如图 6—19 所示。同时，伤员取侧卧位，清除口腔内分泌物、黏液及血块等，保持呼吸道畅通。

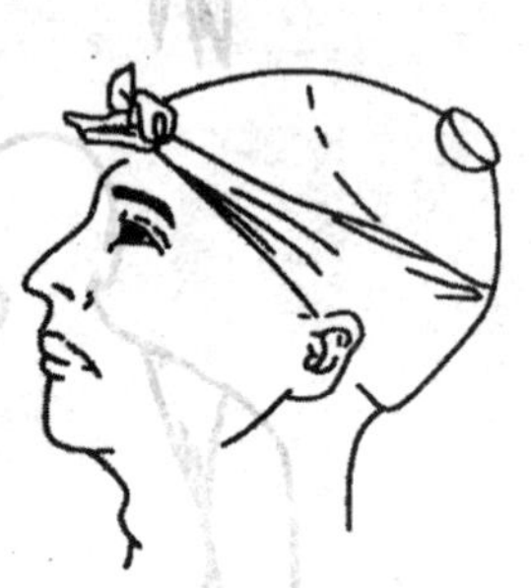

图 6—19 开放性颅脑伤包扎法

2）开放性气胸。有胸部贯通伤，发生开放性气胸时，应立即以大块无菌敷料堵塞封闭伤口，既帮助止血，更重要的是可将开放性气胸变为闭合性气胸，防止纵膈扑动和血流动力的严重改变而危及生命。在转运途中，伤员最好取半卧位。

3）腹部内脏脱出。腹部外伤有内脏脱出时，不要还纳，以等渗盐水浸湿的大块无菌敷料覆盖后，再扣以无菌碗或盆等，以阻止肠管等内脏进一步脱出，然后再进行包扎固定，如图 6—20 所示。如果脱出的肠管已破裂，则直接用肠钳将破裂处钳夹后一起包裹在敷料内。注意一定要将直接覆盖在内脏上的敷料以等渗盐水浸透，以免粘连造成肠浆膜或其他内脏损伤，发生肠梗阻或其他远期并发症。

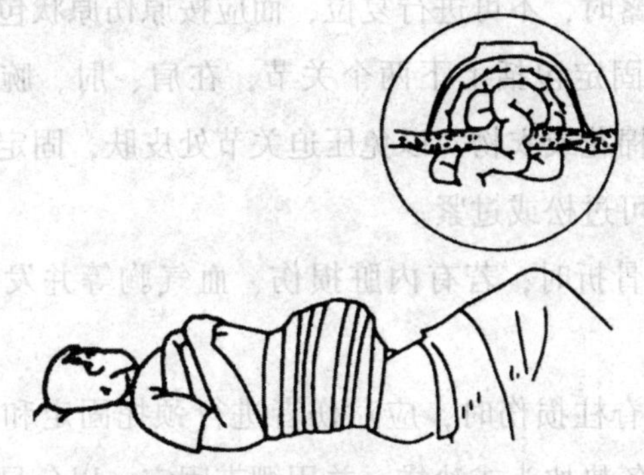

图 6—20　腹部内脏脱出包扎法

4）异物进入眼球。严禁将异物从眼球中拨出，最好先用一只纸杯固定异物，然后用无菌敷料卷围住，再用绷带包扎。

5）异物插入体内。刺入体内的刀或其他异物不能立即拔出，以免引起大出血，应用大块敷料支撑异物，然后用绷带固定敷料以控制出血。转运途中需小心保护，以避免移动。包扎范围应超出伤口边缘 5 ~ 10 cm。

4. 骨折固定

骨折固定可以减轻伤员的疼痛感，防止骨折端位移而刺伤邻近组织、血管、神经，也是防止创伤休克的有效急救措施。

(1) 根据伤者受伤部位、症状体征等，先做简单的检查和判断。

疑有骨折者按骨折处理；若伤者有休克时，则应先抢救；开放性骨折者，应先处理伤口并止血，然后再进行骨折固定。

（2）进行骨折固定时，应借用夹板、绷带、三角巾、棉垫等，若手边没有这些物品，则可就地取材，用硬木板、木棍、衣服、毛巾等代替，必要时可将伤员伤侧肢体与健侧肢体绑在一起固定。若骨折断端错位或外露时，不可进行复位，而应按原伤原状包扎。

（3）骨折固定包括上下两个关节，在肩、肘、腕、股、膝、踝等关节处应垫棉花或衣物，以免压迫关节处皮肤，固定应以伤肢不能活动过度，不可过松或过紧。

（4）处理骨折时，若有内脏损伤、血气胸等并发症的，应先行处理。

（5）怀疑脊柱损伤时，应对伤者进行颈托固定和腰椎保护，在头和腰的两侧各垫枕头或沙袋，并用绷带固定，以免晃动移位。

5. 伤员搬运

搬运原则如下：

（1）必须先在原地实施检伤、包扎止血、固定等救治后再搬运。

（2）呼吸、心搏骤停及休克昏迷者，应先行复苏术。严重颅脑和胸腹外伤者，需先进行急救，然后再搬运。

（3）对昏迷或者有窒息症状的伤员，肩要垫高，头后仰，面部偏向一侧或采取侧卧位，以保持呼吸道畅通。

（4）一般伤员可用担架、木板等搬运，但有脊椎损伤的或疑有脊柱损伤的伤员，要严禁坐起、站立或者行走，也不能采用一人抬头、一人抬脚或者人背的方法搬运。必须固定在中立位，颈椎、脊柱要避免弯曲和扭转，以免加重损伤，造成高位截瘫或死亡，而且要用硬板担架护送。

(5) 搬运过程中严密观察伤员的面色、呼吸、脉搏等，必要时及时抢救。

第二节 火灾逃生与自救

一、灭火

1. 灭火的基本方法

初起之火最易扑灭，即使火势较猛，也要集中全力进行扑救，这样，也许不能将火完全扑灭，但也能控制火势蔓延。扑灭初起之火，应当分秒必争，在报警的同时，要争取时间采用各种方法灭火，万不可坐等消防队的到来而失去灭火时机。

要懂得怎样救火，首先要懂得什么是燃烧。燃烧必须具备可燃物、着火源和氧气这三个条件，因而灭火的基本方法是抑制其中任何一个条件，即隔离法——去掉可燃物，冷却法——降低燃烧物的温度，窒息法——使可燃物与空气隔绝。

(1) 隔离法。将周围未燃烧的可燃物质移开或与正在燃烧的物质隔离，中断可燃物质的供给，使燃烧因缺少可燃物而停止，如用泡沫灭火。

(2) 冷却法。将灭火剂直接喷射到燃烧的物体上，以降低燃烧物的温度于燃点之下，使燃烧停止；或者将灭火剂喷洒在火源附近的可燃物质上，使其不因火焰热辐射作用而形成新的火点。冷却灭火法是灭火的一种主要方法，常用水和二氧化碳做灭火剂冷却降温灭火。灭火剂在灭火过程中不参与燃烧过程中的化学反应。这种方法属于物理灭火方法。

(3) 窒息法。阻止空气流入燃烧区或用不燃烧的惰性气体等冲淡空气，使燃烧物得不到足够的氧气而熄灭，如采用泡沫灭火剂和二氧化碳灭火剂等灭火。

2. 灭火剂与灭火器的选择与使用

为了能迅速扑灭火灾，必须根据现代的防火技术、生产工艺过程的特点、着火物质的性质、灭火剂的性质及取用是否便利等来选择灭火剂或灭火器。常用的灭火剂有水、泡沫液、二氧化碳、干粉等，常用的灭火器为泡沫灭火器、二氧化碳灭火器、干粉灭火器、高效阻燃灭火器等。已被禁用的灭火器有“1211”灭火器，它属于储压式一类，“1211”是二氟一氯一溴甲烷的代号，它曾经是我国生产和使用最广的一种卤代烷灭火剂，以液态罐装在钢瓶内。“1211”灭火剂是一种低沸点的液化气体，具有灭火效率高、毒性低、腐蚀性小、久储不变质、灭火后不留痕迹、不污染被保护物、绝缘性能好等优点。但由于该灭火剂对臭氧层破坏力强，我国已于 2005 年停止生产“1211”灭火剂。

下面就这几类灭火剂和灭火器的性能及应用范围和使用方法做简单介绍。

(1) 水。水是最常用的灭火剂，水能从燃烧物中吸收大量热量，使燃烧物的温度迅速下降，使燃烧终止。水在受热汽化时，体积增大 1 700多倍，当大量的水蒸气笼罩于燃烧物的周围时，可以阻止空气进入燃烧区，从而大大减少氧的含量，使燃烧因缺氧而窒息熄灭。此外，水还能稀释或冲淡某些液体或气体，降低燃烧强度；能浸湿未燃烧的物质，使之难以燃烧；还能吸收某些气体、蒸气和烟雾，有助于灭火。

使用注意事项：密度小于水和不溶于水的易燃液体引发的火灾，如汽油、煤油、柴油等油品，以及苯类、醇类、醚类、酮类、酯类及丙烯腈等大容量储罐，不可用水扑救。如用水扑救，则水会沉在液体下层，被加热后会引起爆沸，使可燃液体飞溅和溢流，使火势扩大。密度大于水的可燃液体，如二硫化碳，可以用喷雾水扑救，或用水封阻火势的蔓延。

遇水产生燃烧物的火灾，如金属钾、钠、碳化钙等，不能用水灭火，而应用沙土灭火。

硫酸、盐酸和硝酸引发的火灾，不能用水流冲击，因为强大的水流会使酸飞溅，遇可燃物质，有引起爆炸的危险。而酸若溅在人身上，会灼伤人。

电气火灾未切断电源前不能用水扑救，因为水是良导体，容易造成触电。

高温状态下化工设备引发的火灾不能用水扑救，以防高温设备遇冷水后骤冷，引起变形或爆裂。

（2）泡沫灭火剂。泡沫灭火剂是扑救可燃易燃液体的有效灭火剂，它主要是在液体表面生成凝聚的泡沫漂浮层，起隔离和冷却作用。

使用注意事项：泡沫灭火器适用于固体物质火灾、可燃液体火灾的扑灭；不适用于可燃气体和带电设备火灾的扑灭。使用时要将灭火器材颠倒，并左右摆动，使药剂充分混合。泡沫药剂会对环境造成污染，使用时应注意保护环境。药剂每年应更换一次。

（3）二氧化碳灭火剂。二氧化碳在通常状态下是无色无味的气体，相对密度为1.529，比空气重，不燃烧也不助燃。将经过压缩液化的二氧化碳灌入钢瓶内，便制成了二氧化碳灭火剂。从钢瓶里喷射出来的固体二氧化碳（俗称干冰）的温度可达-78.5℃，固体二氧化碳汽化后，二氧化碳气体覆盖在燃烧区内，除了起窒息作用之外，还有一定的冷却作用，从而使火焰熄灭。

使用注意事项：由于二氧化碳不含水、不导电，所以可以用来扑灭精密仪器和一般电气火灾，以及一些不能用水扑灭的火灾。二氧化碳灭火器适用于可燃液体火灾和可燃气体火灾。二氧化碳灭火器不宜用来扑灭金属钾、钠、镁、铝等及金属过氧化物（如过氧化钾、过氧化钠）、有机过氧化物、氯酸盐、硝酸盐、高锰酸盐、亚硝酸盐、重铬酸盐等氧化剂引发的火灾，也不适用于固体物质火灾。使用人员易冻伤。每3个月需检查一次质量，若质量减少则应重新灌充。

（4）干粉灭火剂。干粉灭火剂的主要成分是碳酸氢钠和少量的防潮剂（包括硬脂酸镁及滑石粉）等。

使用注意事项：用于扑灭易燃液体、易燃气体、可燃固体、可燃液体、可燃气体、轻金属及带电设备的火灾。一些扩散性很强的易燃气体，如乙炔、氢气，用干粉喷射后难以使整个范围内的气体稀释，灭火效果不佳。不宜用于精密机械、仪器、仪表的灭火，因为在灭火后会留有残渣，影响机械精度。在使用干粉灭火时，要注意及时冷却降温，以免复燃。易受潮结块而不能使用，所以应及时检查更换。每3个月需检查一次压力表，药剂有效期一般为3年。具有腐蚀性。

3. 灭火器的选择和使用——高效阻燃灭火器

高效阻燃灭火器适用于固体火灾、可燃液体火灾和可燃气体火灾及电气火灾的扑灭，其灭火效果好、质量轻，药剂无毒、无污染，具有阻燃、灭火双重功效，药剂持久，可反复使用，为国内“1211”灭火器的最佳替代品。

二、逃生

发生火灾时，如何根据当时的具体情况，采取科学的自救措施，迅速逃离火场是十分关键的。逃生时应当保持沉着、冷静，切忌盲目乱跑，更不要大声叫喊，否则火区内的烟雾和火焰会随着叫喊声而吸入呼吸道，造成伤害。只有沉着、冷静才能化险为夷。

1. 被火围困时的自救

在烟气较大的情况下，通常的做法是及时喷水，这样可以有效地降低浓烟的温度，抑制浓烟蔓延；用毛巾或布蒙住口鼻，可以过滤烟中的微炭粒，减少烟气的吸入；关闭与着火房间相通的门窗，能减少浓烟的侵入；要穿过烟雾逃生时，如烟不太浓，可俯身行走；如烟较浓，须匍匐爬行，在贴近地面的空气层中，烟害往往是比较轻的。

被火围困时，正确地发出求救信号是脱离险境的重要手段。火场上人声嘈杂，烈火飞腾，这时卧着呼救的效果比站着好。因为站着呼救，熊熊烈火会把声波反射回来，外面的人听不见。卧着呼救时，因火势顺空气上升，低矮的地方可燃物已经燃尽，或者还没有燃着，声波容易穿过空隙传出去。

2. 身上着火时的自救

人身上着火一般是衣服着火，此时如奔跑等于加速了空气流通，使燃烧物得到了更多的氧气供给，因此火会越烧越烈。另外，身上着火的人狂奔乱跑，势必会把火种带到别处，有可能引起新的着火点。

正确的自救方法如下所述：

身上着火，一般应先脱去衣服帽子，如果一时脱不掉，可把衣服猛撕扔掉，脱去衣帽，身上的火也就灭了。如果衣服在身上烧，不仅会将人烧伤，而且会给以后的抢救治疗增加困难，特别是化纤服装受高温熔融后会与皮肉粘连，而且还有一定的毒性，会使伤势恶化。

如果来不及脱衣服，可以卧倒在地上打滚，把身上的火苗压熄，倘若有其他人在场，可用湿麻袋、毯子等把身上着火的人包起来，就能使火熄灭，或者向着火人身上浇水并帮助将烧着了的衣服撕下来。但是，切不可用灭火器直接向着火人身上喷射，因为灭火器内的药剂会引起伤口感染。

如果身上火势较大，来不及脱衣，旁边又无人帮助灭火，则可以尽快地跳入附近的池塘、水池、小河中，把身上的火熄灭。虽然这样可能对后来的烧伤治疗不利，但是这样做至少可以减轻烧伤程度和面积。这里应指出的是，如果人体已被烧伤，且烧伤面积很大，则不宜跳水，以防感染。

三、火灾现场救护

1. 烧伤的现场救护

烧伤可造成局部组织损伤，轻者损伤皮肤，出现肿胀、水疱、疼痛，重者皮肤被烧焦，甚至血管、神经、肌腱等同时受损，呼吸道也可烧伤。烧伤引起的剧痛和皮肤有渗出物等因素能导致休克，晚期还会出现感染、败血症等并发症而危及生命。

烧伤对人体组织的损伤程度一般分为三度，可按三度四分法进行分类，见表6—1。

表 6—1 烧伤对人体的损伤程度分级

深度		局部体征	局部感觉	预后
Ⅰ度（红斑）		仅伤及表皮，局部红肿、干燥、无水疱	灼痛感	3～5 天痊愈，无瘢痕
Ⅱ度	浅Ⅱ度	伤及真皮层，水疱大、壁薄、创面肿胀发红	感觉过敏	2 周可痊愈，不留瘢痕
	深Ⅱ度	伤及真皮深层，水疱较小，皮温稍低，创面呈浅红或红白相间，可见网状栓塞血管	感觉迟钝	3～4 周可痊愈，留有瘢痕
Ⅲ度		伤及皮肤全层，甚至可达皮下、肌肉、骨等。形成焦痂。创面无水疱、蜡白或焦黄，可见树枝状栓塞血管，皮温低	消失	肉芽组织生长后形成瘢痕

针对烧伤的原因可分别采取相应的措施：

（1）用冷清水冲洗或浸泡伤处，以降低表面温度。

（2）脱掉受伤处的衣物。

（3）Ⅰ度烧烫伤可涂上外用烧烫伤膏药，一般 3～7 日可治愈。

（4）Ⅱ度烧烫伤，不要刺破表皮水疱，不要在创面上涂任何油脂或药膏，应用干净清洁的敷料或方巾、床单等覆盖伤部，以保护创面，防止感染。

（5）严重口渴者，可口服少量淡盐水或淡盐茶。条件许可时，可服用烧伤饮料。

（6）呼吸窒息者，做人工呼吸；伴有外伤大出血者应尽快止血；骨折者应进行临时骨折固定。

（7）大面积烧伤伤员或严重烧伤者，应尽快组织转送医院治疗。

2. 窒息和烟雾中毒的现场救护

如果发生缺氧窒息和烟雾中毒，应迅速将伤员转移至空气新鲜流通处，注意保暖和保持安静；对已出现窒息者，速送医院进行气管切开术，对呼吸、心搏骤停者应该实施现场心肺复苏救生术。

3. 其他伤害及救护

在火灾发生后，由于建筑物坍塌或现场人员精神紧张而盲目逃生，可能会造成骨折。如发生骨折，应按照前文所述的方法救治；如发现有心跳、呼吸停止者，应进行现场心肺复苏抢救；对休克者要进行抗休克治疗，并迅速将伤员送入医院。对反应精神失常者和其他疾病者，给予安慰剂和镇静剂；对心脏病发作者当确定病情稳定后再搬运。

4. 途中医疗监护

在使用交通工具运送伤员的途中，应密切注意伤员的脉搏、呼吸和血压变化。对病情较重者需补充液体，路途较长时需要留置导尿管。车速不宜过快，避免颠簸后使伤情加重或出现其他伤害。

第三节　其他伤害及现场救护

一、意外触电事故急救措施

1. 触电症状

轻者有惊吓、发麻、心悸、头晕、乏力等症状，一般可自行恢复。

重者立即出现昏迷、强直性肌肉收缩、休克、心律失常、心跳及呼吸极微弱呈假死状态或心搏骤停、呼吸停止、出现发绀。高压电流主要伤害呼吸中枢，呼吸麻痹为主要死因。

局部烧伤。低压电流所致伤口小，伤口焦黄，较干燥（似烤煳状）；高压电流或闪电烧伤，表面可有烧伤烙印闪电纹，给人感觉烧伤并不严重，但实际烧伤面积大，伤口深，重者可伤及肌肉、肌腱、血管、神经及骨骼。

2. 使触电者脱离电源的处理

触电急救首先要使触电者迅速脱离电源，越快越好，因为电流作用时间越长，对人体伤害就越重。脱离电源就是要把触电者接触的那一部分带电设备的开关或其他电路设备断开，或设法将触电者与带电设备脱离。

（1）对于低压触电事故，可采用下列方法使触电者脱离电源。

1）如果触电地点附近有电源开关或电源插头，可立即关闭电源开关或拔出电源插头，断开电源。但应注意到拉线开关和平开关只能控制一根线，有可能切断零线而没有断开电源。

2）如果触电地点附近没有电源开关或电源插头，可用有绝缘柄的电工钳或有干燥木柄的斧头切断电线，断开电源，或用干木板等绝缘物插到触电者身下，以隔断电流。

3）当电线搭落在触电者身上或被压在身下时，可用干燥的衣服、手套、绳索、木板、木棒等绝缘物作为工具，拉开触电者或拉开电线，使触电者脱离电源。

4）如果触电者的衣服是干燥的，又没有紧缠在身上，可以用一只手抓住他的衣服拉离电源。但因触电者的身体是带电的，其鞋的绝缘也可能遭到破坏。救护人不得接触触电者的皮肤，也不能抓他的鞋。

（2）对于高压触电事故，可采用下列方法使触电者脱离电源。

1）立即通知有关部门断电。

2）戴上绝缘手套，穿上绝缘靴，用相应电压等级的绝缘工具按顺序拉开开关。

3）抛掷裸金属线使线路短路接地，迫使保护装置动作，断开电源。注意抛掷金属线之前，先将金属线的一端可靠接地，然后抛掷另一端；注意抛掷的一端不可触及触电者和其他人。

3. 触电者脱离电源后的处理

（1）对神志清醒的触电伤员，应使其就地躺平，严密观察其呼吸、脉搏等生命指标，暂时不要让其站立或走动。

（2）对神志不清的触电伤员，也应使其就地躺平，且确保气道通畅，并呼叫伤员或轻拍其肩部，以判定伤员是否丧失意识，禁止摇动伤员头部呼叫伤员。

（3）对需要进行心肺复苏的伤员，在将其脱离电源后，应立即就地进行有效的心肺复苏抢救。

（4）呼吸、心跳情况的判定。触电伤员如丧失意识，应在 10 s 内用看、听、试的方法，判定伤员呼吸心跳情况：看伤员的胸部、上腹部有无呼吸起伏动作；用耳贴近伤员的口鼻处，听有无呼吸气的声音；先试测口鼻有无呼气的气流，再用两手指轻试一侧（左或右）喉结旁凹陷处的颈动脉有无搏动。

若采用看、听、试等方法发现伤员既无呼吸又无颈动脉搏动，可判定伤员呼吸心跳停止。

(5) 紧急呼救。大声向周围人群呼救，同时拨打“120”电话请求急救。

(6) 伤员的移动与转送。心肺复苏应在现场就地坚持进行，不要随意移动伤员，如确实需要移动时，抢救中断时间不应超过30 s。

移动伤员或将伤员送医院时，除应使伤员平躺在担架上并在其背部垫以平硬宽木板外，还应继续抢救，对心跳呼吸停止者应继续用心肺复苏技术抢救，并做好保暖工作。

在转送伤员去医院前，应与有关医院取得联系，请求做好接收伤员的准备，同时对触电人员的其他合并伤，如骨折、体表出血等做出相应的处理。

(7) 如伤员的心跳和呼吸经抢救后均已恢复，则可暂停心肺复苏抢救，但心跳呼吸恢复后的早期有可能再次骤停，应严密监护，不能大意，要随着准备再次抢救。

二、化学品烧伤急救措施

机械制造企业的化学品烧伤主要包括被强酸烧伤和被强碱烧伤。

高浓度酸能使皮肤角质层蛋白质凝固坏死，呈界限明显的皮肤烧伤，并可引起局部疼痛性凝固性坏死。

被强碱烧伤时，由于碱具有吸水作用，会使局部细胞脱水，强碱烧伤后创面呈黏滑或肥皂样变化。

1. 强酸烧伤的急救方法

(1) 立即脱去或剪去污染的工作服、内衣、鞋袜等，迅速用大量的流动水冲洗创面，至少冲洗10～20 min，特别对于硫酸灼伤，要用大量水快速冲洗，除了冲去和稀释硫酸外，还可冲去硫酸与水产生的热量。

(2) 初步冲洗后，用5%碳酸氢钠液湿敷10～20 min，然后再用水冲洗10～20 min。

(3) 清创，去除其他污染物，覆盖消毒纱布后送医院。

(4) 对呼吸道吸入并有咳嗽者，雾化吸入5%碳酸氢钠液或生理盐水冲洗眼眶内，伤员也可将面部浸入水中自己清洗。

(5) 口服者不宜洗胃，尤其口服已有一段时间的，以防引起胃穿孔。可先用清水，再口服牛乳、蛋白或花生油约200 mL。不宜口服碳酸氢钠，以免产生二氧化碳而增加胃穿孔危险。大量口服强酸和现场急救不及时者都应急送医院救治。创面处理采用一般烧伤的处理方法。由于酸烧伤后形成的痂皮完整，宜采用暴露疗法。

2. 强碱烧伤的急救方法

皮肤碱灼伤后脱去污染衣物，立即用大量流动清水冲洗污染的皮肤20 min或更久。对氢氧化钾灼伤，要冲洗到创面无肥皂样滑腻感；再用5%硼酸液温敷10～20 min，然后用水冲洗，不要用酸性液体冲洗，以免产生中和热而加重灼伤。

眼睛灼伤立即用大量流动清水冲洗，伤员也可把面部浸入充满流动水的器皿中，转动头部、张大眼睛进行清洗，至少洗10～20 min，然后再用生理盐水冲洗，并滴入可的松液与抗生素。

因生石灰引起的灼伤，要先清扫掉沾在皮肤上的生石灰，再用大量的清水冲洗，千万不要将沾有大量石灰粉的伤部直接泡在水中，以免生石灰遇水生热加重伤势。经过清洗后的创面用清洁的被单或衣物简单包扎后，即送往医院治疗。

创面冲洗干净后，最好采用暴露疗法，以便观察创面的变化。深度烧伤应及早进行切痂植皮手术。

三、眼部急救措施

机械制造企业最常见的眼部受伤就是切屑飞入眼睛或化学物质如强酸、强碱溅入眼睛。眼睛是人体中脆弱的部位，一定要采取及时、正确的方法予以处理，以免造成失明。

眼睛受伤的救护方法如下：

轻度眼伤，如异物进入眼睛，切忌用手揉搓，以防伤到角膜、眼球，可叫现场同伴用肥皂水洗手后，翻开眼皮用干净手绢、纱布将异物拨出。注意不要使用棉花等物品取异物，不要取虹膜或瞳孔口的异物。

如化学物质溅入眼中，要立即用大量清水反复冲洗，并确保水进入眼睛内角。如果患者戴隐形眼镜应将其摘掉。冲洗后用干净的棉布覆盖患眼，并包扎覆盖双眼，以减少患眼的活动。

重度眼伤，如异物插入眼中，这时千万不要试图拔出插入眼中的异物，若看到眼球鼓出或从眼球中脱出东西，切不可把它推回眼内，这样做十分危险，可能会把能恢复的伤眼弄坏，正确的做法是让伤者仰躺，救护者设法支撑其头部，并尽可能使其保持静止不动，同时可用消毒纱布或刚洗过的新毛巾轻轻盖上伤眼，尽快送往医院。

四、头皮撕脱急救措施

在机械工业中，特别是车床工很容易发生因工人发辫卷入转动的机器而使头皮撕脱的事故。这种工伤来得突然，而且症状严重，常使人束手无策，但万一发生应正确做好应急护理。

遇到这种意外事故，抢救者不要惊慌失措，应立即关闭电源使机器停下来，并组织人力抢救伤员。

头皮撕脱伤因头发被强行扯拉，一般都可使大块头皮自帽状腱膜下层连同骨膜层一并撕脱，所以要及时用无菌敷料或清洁被单覆盖头部创口，加压包扎。

同时，小心取回被撕脱的头皮，轻轻折叠撕脱内面，外面用清洁布单包裹，随同病人一起送医院处理。要保持绝对干燥，禁止置于任何药液中。

护送途中要安慰病人，并给予少量止痛剂。可以给病人喝开水或盐开水，或由厂医务人员做静脉补液以防休克，应力争在12 h之内送入医院做清创等妥善处理。

五、断指急救措施

一旦发生断指事故，首先要抢救伤员生命，检查有无脊髓和神经损伤，并注意保护，防止加重损伤。如有出血，要根据出血部位，选用加压包扎、指压、扎止血带等方法紧急止血，防止休克。疑有骨折、脱位，先不要自行整复，可用夹板、石膏或代用品进行简单固定。活动性出血（如手或足），最好别扎大肢体（如前臂、小腿），这样会扎住静脉，而动脉扎不住，从而会增加出血量，这时采用局部加压法更好些。

做完这些或与此同时，应该处理断指。有时手指未完全断离，仍有一点皮肤或组织相连，其中可能有细小血管，可以提供营养，避免手指坏死，因此务必小心，妥善包扎保护，防止血管受到扭曲或拉伸。

断指残端如有出血，应首先止血。肢体、手指断离后，虽失去血脉滋养，但短期内尚有生机，而时间一长，则会变性腐烂。冷藏保存断指可以降低其新陈代谢的速度，维持生机。冬天气温较低，容易做到（8 h内均可再植）；春秋季节，特别是盛夏（6 h内可再植），天气炎热，此时迅速冷藏低温保存断指尤为重要。可将断指先用无菌敷料或相对干净的布巾等代用品包裹，外面用塑料薄膜密封，然后置于合适的容器如冰瓶内，周围放上冰块，和病人一同转送附近有再植条件的医院。冰块可取自冰箱，若一时难以取得，可用冰棍、雪糕代替。断指不可直接与冰块或冰水接触，以防冻伤变性。酒精可使蛋白质变性，故绝对禁忌将断离肢（指）直接浸泡于酒精内。如欲冲洗，只可用生理盐水。高渗或低渗溶液，均对组织细胞有害，会影响再植成活率，故不可以用来浸泡、冲洗断指。

六、车辆伤害急救措施

车辆伤害的主要受伤部位为头部、四肢、盆腔、肝、脾、胸部。引起死亡的主要原因为头部损伤、严重的复合伤和辗压伤。

如果是运输危险化学品的车辆发生了交通事故，不仅会造成人员伤害，还可能由于危险化学品受到撞击、泄漏发生火灾、爆炸或人员中毒等事故。

车辆伤害现场救护的原则是：

1. 现场应急的顺序为紧急呼救→保护现场→转运伤员。拨打救护和报警电话。

2. 切勿立即移动伤者，除非处境会危害其生命（如汽车着火、有爆炸可能）。

3. 将失事车辆引擎关闭，拉紧驻车制动或用石头固定车轮，防止汽车滑动。

4. 呼救的同时，现场抢救人员首先要查看伤员的伤情，伤员从车内救出的过程应根据伤情区别进行，对脊柱损伤伤员不能拖、拽、抱，应使用颈托固定颈部或使用脊柱固定板，避免脊髓受损或损伤加重导致截瘫。

5. 实行先救命、后治伤的原则，若伤员呼吸心跳停止，则进行心肺复苏抢救。

6. 意识清醒的伤员可询问其伤在何处（疼痛、出血、何处活动受限），并立刻检查受伤部位，进行对症处理，疑有骨折应尽量简单固定后再进行搬运。

7. 事故发生后应尽可能对现场进行保护，以便给事故责任划分提供可靠证据，并采用最快的方式向交通管理执法部门报告。

8. 如果交通事故涉及危险化学品，应首先了解危险化学品的种类、名称和危险特性，有针对性地实施应急行动，同时尽量佩戴劳动防护用品，站在上风侧进行现场救护。

七、高空坠落急救措施

1. 高空坠落的危害

在机械制造企业，高空坠落一般发生于行车作业、大型机械设备安装或维修作业中。高空坠落通常可导致器官损伤，严重者当场死亡。高空坠落时，若足部或臀部先着地，则外力可沿脊柱传导到颅脑而致伤；由高处仰面跌下时，背或腰部受冲击，可引起腰椎韧带撕裂，椎体裂开或椎弓根骨折，易引起脊髓损伤。如果发生脑干损伤，常有较重的意识障碍、光反射消失等症状，也可能出现严重的合并症状。

2. 急救方法

（1）首先去除伤员身上的用具和口袋中的硬物。

（2）立即处理危及生命的问题，针对呼吸、心搏骤停及致命的外出血，给予心肺复苏及恰当的止血方法救治。

(3) 创伤局部妥善包扎，但对疑有颅底骨折和脑脊液漏患者切忌做填塞，以免引起颅内感染。

(4) 颌面部受伤人员首先应保持呼吸道畅通，取下假牙，清除移位的组织碎片、血凝块、口腔分泌物等，同时松解伤员衣服的颈、胸部纽扣。若舌已后坠或口腔内异物无法清除时，可用12号粗针穿刺环甲膜，维持呼吸、尽可能早做气管切开手术。

(5) 有复合伤的伤员要使其成平仰卧位，保持呼吸道畅通，并解开其衣领扣。

(6) 若周围血管受伤，则应将受伤部位以上的动脉压迫至骨骼上。直接在伤口上放置厚敷料，用绷带加压包扎时以不出血和不影响肢体血循环为宜。当上述方法无效时可用止血带，原则上尽量缩短止血带的使用时间，一般以不超过1 h为宜，并做好标记，注明上止血带的时间。

(7) 有条件时迅速给予静脉补液，补充血容量。

(8) 将伤员快速平稳地送医院救治。在搬运和转送过程中，颈部和躯干不能前屈或扭转，而应使脊柱伸直，绝对禁止一个抬肩一个抬腿的搬法，以免发生或加重截瘫。

八、化学品中毒急救措施

机械制造企业典型的化学品中毒可分为刺激性气体中毒、窒息性气体中毒和有机溶剂中毒，其中，刺激性气体包括盐酸和硫酸酸雾、硫化氢等，窒息性气体包括一氧化碳（CO）、二氧化碳、氮气等，有机溶剂包括芳香烃、醇类、醚类等。

化学品中毒的急救措施如下：

1. 首先要中断毒物继续侵入。救护者戴好防毒面具后，迅速将中毒者救离现场，如果是气体中毒，要将中毒者移到上风向，并为其脱去已污染的衣服。

2. 如毒物已污染眼部、皮肤，应立即冲洗。

3. 松开领扣、腰带，使伤者呼吸新鲜空气。

4. 静卧、保暖。

5. 对于口服中毒者，首先判断是否该催吐，如果允许，将手指伸进患者口中按压舌根，施加刺激使之反复呕吐。毒物为酸、碱、汽油、漂白剂、杀虫剂、去污剂等时不要催吐，应尽快送医院救治。

化学品中毒常伴有休克、呼吸障碍和心搏骤停等症状。应施行心肺复苏术，同时针刺人中穴。

6. 在护送病人去医院的途中，应保持病人呼吸畅通。并将病人头部偏向一侧，避免咽下呕吐物；取下假牙，并将病人舌头拉出引向前方，以防窒息。

九、中暑急救措施

人的体温维持在37℃左右为正常，当气温过高时，体内就会大量失水、失盐并积聚大量余热，同时出现机体代谢紊乱现象，称为中暑。

高温车间、露天劳动或直接在烈日阳光下暴晒或在缺乏空调、通风设备的公共场所的人员，很有可能发生中暑。

1. 中暑症状

(1) 中暑先兆。在高温环境下出现大汗、口渴、无力、头晕、眼花、耳鸣、恶心、胸闷、心悸、注意力不集中、四肢发麻等症状，体温不超过37.5℃。

(2) 轻度中暑。上述症状加重，体温在 38℃以上，出现面色潮红或苍白、大汗、皮肤湿冷、脉搏细弱、心率快、血压下降等呼吸及循环衰竭的症状及体征。

(3) 重度中暑。体温在 39℃以上，头疼、不安、嗜睡及昏迷，面色潮红、汗闭、皮肤干热、血压下降、呼吸急促、心率快等。

2. 现场救护

(1) 迅速将病人移至阴凉通风处或有空调的房间，使其平卧，解开衣扣，以利呼吸和散热。

(2) 轻者饮淡盐水或淡茶水，可服用藿香正气水、十滴水、仁丹等。

(3) 体温升高者，用凉水擦洗全身，水的温度要逐步降低。在头部、腋窝、大腿根部可用冷水或冰袋敷之，以加快散热。

(4) 严重中暑者，经降温处理后，应及时送至医院以便及早获得专业急救和治疗。

十、食物中毒急救措施

企业一般都为员工集中供应午餐或加班餐，如果食物储存过久、未加工熟或煮熟后放置时间太长，很容易引发集体性食物中毒。

1. 食物中毒的症状

食物中毒者最常见的症状是剧烈的呕吐、腹泻，同时伴有中上腹部疼痛症状。食物中毒者常会因上吐下泻而出现脱水症状，如口干、眼窝下陷、皮肤弹性消失、肢体冰凉、脉搏细弱、血压降低等，甚至可致休克，如手足发凉、面色发青、血压下降等。

2. 食物中毒现场救护

(1) 发现人员食物中毒时，应尽快催吐。可以用筷子或手指轻碰患者咽壁，促使排吐。如毒物太稠，可取食盐20 g，加凉开水200 mL，让患者喝下，多喝几次即可呕吐；或者用鲜生姜100 g捣碎取汁，用200 mL温开水冲服。肉类食品中毒，则可服用十滴水促使呕吐。

（2）药物导泻：食物中毒时间超过2 h，精神较好者，则可服用大黄30 g，一次煎服；老年体质较好者，可采用番泻叶15 g，一次煎服或用开水冲服。

（3）解毒护胃：取食醋100 mL，加水200 mL，稀释后一次服下；或者用紫苏30 g，生甘草10 g一次煎服；或者口服牛奶和生鸡蛋清，以保护胃黏膜，减少毒物刺激，阻止毒物吸收，并有中和解毒作用。

（4）如果中毒者已昏迷，则禁止对其催吐。

（5）如果经上述急救，病人的症状未见好转，或中毒较重，应尽快送医院治疗。必要时，尽量收集食物中毒人员的呕吐物或食用的食物，用于医院化验以明确中毒物质，使医生能及时对症下药进行急救。